家具设计与工艺

FURNITURE DESIGN AND TECHNOLOGY

「十二五」职业教育国家规划教材

现代创意新思维·十三五高等院校艺术设计规划教材

陈雪杰 诺华家具 主编

人民邮电出版社

北京

U0276595

图书在版编目（ＣＩＰ）数据

家具设计与工艺 / 陈雪杰主编. -- 北京 ：人民邮电出版社，2017.2
现代创意新思维·十三五高等院校艺术设计规划教材
ISBN 978-7-115-43431-9

Ⅰ. ①家… Ⅱ. ①陈… Ⅲ. ①家具－设计－高等学校－教材②家具－生产工艺－高等学校－教材 Ⅳ. ①TS664.01②TS664.05

中国版本图书馆CIP数据核字(2016)第204490号

内 容 提 要

本书系统地讲解了家具设计与工艺的相关知识。全书共 11 章，分别对家具设计与营销、家具功能与尺寸设计、家具制作常用材料、产品的成本核算、木家具结构与生产工艺、板式家具结构与生产工艺、柜类家具结构与生产工艺、桌台类家具结构与生产工艺、软体家具结构与生产工艺、金属家具结构设计和竹藤家具结构设计进行图文并茂的讲解。本书有两大特点，一是强调实用，二是强调易懂。

本书既可以作为各本、专科院校建筑类专业及设计类专业学生的教材，也可以作为室内设计师、装修业主自学的参考资料。

◆ 主　编　陈雪杰　诺华家具
责任编辑　刘　佳
责任印制　焦志炜

◆ 人民邮电出版社出版发行　　北京市丰台区成寿寺路 11 号
邮编　100164　电子邮件　315@ptpress.com.cn
网址　https://www.ptpress.com.cn
涿州市殷润文化传播有限公司印刷

◆ 开本：787×1092　1/16
印张：13.25　　　　　2017 年 2 月第 1 版
字数：272 千字　　　2025 年 1 月河北第 5 次印刷

定价：59.80 元

读者服务热线：(010)81055256　印装质量热线：(010)81055316
反盗版热线：(010)81055315

前　言

中国有着悠久的历史和深厚的文化，每个时代的家具都有其独特的造型，能反映出当时人们的生活方式和技术水平。自改革开放以来，中国家具产业也由单一的加工型企业逐渐转变为集自主研发、设计、生产和销售于一体的综合性产业，并将产品大量出口海外。但就目前中国家具行业现状看，家具行业设计人才尚严重匮乏，许多家具企业由于没有完善的设计研发团队，生产的产品款式陈旧，或者只会模仿，跟不上时代的潮流，面临着被淘汰的窘境。

单纯的纸上设计已经不适应当前的家具行业需要，一个优秀的家具设计师必须是一个复合型人才，这就要求设计师必须了解家具的历史文化，掌握家具设计的流程与方法，并能够把市场营销理念带入家具设计中，在家具设计的过程中能够分析人们的市场需求、消费心理和审美理念。这样才能真正做好一款市场欢迎的家具产品。此外，设计师还必须掌握家具制作材料和生产工艺，不仅能够画出来，还要能够做出来，避免家具设计"纸上谈兵"的问题。这种能够融汇设计、营销、材料和工艺的复合型人才是家具行业的最紧缺型人才。

目前市场上关于家具设计的图书主要偏向于家具造型设计，对于家具的结构讲解偏少或分散，不够具体、系统。为此，编者根据自己多年来在家具设计专业人才培养所积累的丰富教学经验，与家具行业知名公司诺华品牌家具合作，由诺华家具提供本书相关素材，精心编写了《家具设计与工艺》一书。

《家具设计与工艺》一书系统地介绍了国内外家具的发展历史，讲解了家具设计流程与方法、家具营销方法以及各类型家具材料与制造工艺。本书内容详尽，图文并茂，语言简洁，适合高等艺术设计专业教育与高职院校教学的需要。

全书由王世襄先生的弟子——上海工艺美院叶柏风教授审阅。

编　者

2016 年 6 月

目　录

第1章
家具设计与营销

1.1 家具概述

家具的历史几乎与人类的历史一样悠久，它随着社会的进步而不断发展，反映了不同时代人类的生活和生产力水平。家具除了是一种具有实用功能的物品外，更是一种具有丰富文化形态的艺术品。几千年来，家具的设计和建筑、雕塑、绘画等造型艺术的形式与风格的发展同步，成为人类文化艺术的一个重要组成部分。

那么，如何定义家具？

广义的家具是指人们维持正常生活、从事生产实践和开展社会活动必不可少的一类器具。狭义的家具是指在生活、工作或社会实践中供人们坐、卧或支撑与储存物品的一类器具。家具不仅是一种简单的功能物质产品，而且是一种广为普及的大众艺术，它既要满足某些特定的用途，又要满足供人们观赏的需要，使人在接触和使用过程中产生某种审美快感和引发丰富联想的精神需求。正是基于这一点，家具设计需要同时满足使用功能和审美的要求。

家具既是物质产品又是艺术创作，伴随着文明与科技的进步，家具原料从最初的木器、石器为主，逐渐延伸到使用金属、塑料、竹藤等多种原料。人类社会在不断地变革，生活方式也在不断进步，新的家具形态也将不断产生。

1.1.1 中国家具发展概述

家具的发展进程不仅反映人类物质文明的发展，也显示了人类精神文明的进步。和整个人类文化的发展过程一样，家具的发展也有其阶段性。最初，家具表现为作坊式手工制作，或精雕细琢，或简洁质朴，均留下了明显的手工痕迹。19世纪至20世纪初期，家具作为一种工业化产品逐渐进入市场，在经历了100多年的发展以后，家具产业已跻身现代产业之林。在中国，家具手工工艺发展极好，塑造出了一批传世的精品家具，其中尤其以明清家具为最。1949年新中国成立以后才进入中国现代家具的形成期与发展期。但是由于种种原因，中国的家具产品在建国后很长一段时间并没有得到大发展，直到改革开放后，中国现代工业化家具才开始加快发展，其中20世纪90年代发展迅猛并在国际市场占据重要位置，成为世界第一的家具生产和出口大国。近年来，随着现代科学技术的突飞猛进，中国的家具工业随着科学技术的不断进步和人造板工业的兴起，取得了显著的进步，形成了一定的产业规模，出现了一些具有国际先进水平的家具企业，同时带动了家具产品配套产业的快速发展。

1.1.2　家具产业未来发展趋势

未来的家具产业将真正实现大规模的工业化生产，专业分工会越来越细，配套产业的发展将有利于分工协作，具体体现在以下几方面。

1. 家具生产将更加趋于高度机械化、自动化和协作化

目前中国人口红利下降，导致劳动力短缺，很多家具厂家已经面临招工难和人工成本持续上升的困境，这也会进一步促进国内家具行业向机械化和自动化靠拢。诺华家具就是其中的代表。机械化和自动化的成熟，不仅能够更进一步控制产品的品质，而且还会降低管理成本和人工成本。

2. 家具用材追求多样化

目前家具的用材越来越多样化，天然石材、人造石材、树脂类、木质类、藤质类和玻璃类等均可用于家具产品的制作。这也促进了家具种类和设计的花样翻新。

3. 家具零部件采用标准化、规格化和拆装化

从物流角度而言，家具的拆装简单，物流成本也就会相应降低。此外，随着国内淘宝、京东等电商平台的兴起，在网络上形成一批实力强劲的线上品牌，如林氏木业、藤尚美学等。单纯从销量数据看，林氏木业及关联品牌在2013年"双十一"天猫平台的日销售额即达到了1.6亿元人民币，这即便对于那些拥有几百个实体专卖店的大品牌而言，也是不可想象的。随着电商平台销售份额的日益扩张，线上品牌也会越来越强势。从家具本身看，如果标准化、规格化和拆装化能够进一步加强，无疑会促进网络销售的发展。毕竟电商是直接面对消费者的，如果家具组装变得更加轻松，那通过网络实现购买意愿就会变得更加容易。

4. 家具设计注重个性化

随着国内家具表面装饰技术的发展，个性定制已经成为一件轻松的事情，无论是应业主要求进行布艺图案或图像设计，还是在家具上雕刻各种定制纹样，甚至人为创造一种木纹，从技术层面而言已经不再是难事。这也促进了一批小而美的个性化家具品牌的发展，它们以私人定制享誉业界。随着工艺技术尤其是表面装饰技术的成熟，个性化定制的成本大幅下降，基本可以实现不增加成本而满足高端个性化定制的需求。再随着电商平台的发展，个性化产品也可以出现在中国的每个家庭里。

5. 家具产品力求绿色化、环保化

室内空间污染源主要有两个，一个是装修施工造成的污染，一个是家具带来的污染。随着国内环保意识的加强，尤其是室内污染造成危害案例的增多，广大业主对于环保也越

来越关注。这也将逐步促使家具企业将关注点越来越多地集中到解决环保的问题上，同时也对家具的用料以及工艺提出了更高的要求。

1.1.3 家具的构成要素

家具的构成要素主要包括材料、结构、外观形式和功能这 4 部分。下面阐述这 4 个要素的主要内容及相互间的关系。

1. 材料

家具是由各种材料经过一系列的技术加工而成的，材料是构成家具的物质基础。但是并非任何材料都可以应用于家具生产，家具材料的应用也有一定的选择性，其中主要应考虑到下列因素。

（1）材料本身的属性

材料本身的属性会影响到所生产出来的家具的使用性能。比如木质材料会受水分的影响而产生缩胀、变形、开裂等一系列问题，所以在将木材应用于家具设计时需要特别考虑其含水率指标。对于其他材料也需要考虑其本身属性，比如塑料材料要考虑到其延展性、热塑变形等，玻璃材料要考虑到其热脆性、硬度等。

（2）质地和外观质量

材料的质地和肌理决定了产品的外观、质量所带给观者和使用者的特殊感受。木材属于天然材料，纹理自然、美观，形象逼真，手感好，且易于加工、着色，是生产家具的上等材料。塑料及其合成材料具有模拟各种天然材料质地的特点，并且具有良好的着色性能，但其易于老化，易受热变形，如果用于生产家具的话其使用寿命和使用范围将受到限制。

（3）经济性

家具材料的经济性包括材料的价格、材料的加工劳动消耗、材料的利用率及材料来源的丰富性。木材虽具有天然的纹理等优点，但随着需求量的增加，木材蓄积量不断减少，资源日趋匮乏，与木材材质相近而经济美观的材料将广泛地用于家具的生产中。

（4）表面装饰性能

一般情况下，表面装饰性能是指对其进行涂饰、胶贴、雕刻、着色、烫、烙等装饰的可行性。此外，随着表面打印技术的发展，任何介质均可打印，更多的表面装饰手法可以应用于家具设计中。

（5）环保

家具材料除考虑以上诸多因素外，仍然还有一条不容忽视的因素，那就是家具材料对人体是否存在危险释放物，这同样是越来越多的消费者在挑选家具时所首先考虑到的。对于家具的环保性不仅要考虑到材料本身的环保性能，还必须考虑到在生产工艺中会带来的污染。比如，实木家具所采用的实木木材本身是环保的，但是在加工过程中大量使用到胶和油漆则会带来一定量的污染。

2. 结构

结构是指家具所使用的材料和构件之间的一定组合与连接方式。金属家具、塑料家具、藤制家具、木制家具等都有自己的结构特点。此外，结构是外观造型的直接反映，因此在尺度、比例和形状上都必须与使用者相适应，这就是所谓的人体工程学，例如座面的高度、深度和后背倾角恰当的椅子可解除人的疲劳感；而储存类家具在方便使用者存取物品的前提下，要满足与所存放物品的尺度相适应等要求。按这种要求设计的外在结构也为家具的审美要求奠定了基础。

3. 外观形式

家具的外观形式直接展现在使用者面前，它是功能和结构的直观表现，也是消费者在选购家具时所参照的最重要的指标。家具的外观形式最重要是要形成一定的艺术效果，给人以美的享受。

4. 功能

家具的功能是家具设计的一个基本要素。消费者购买家具首先是需要满足其某项功能使用的需要，其次才考虑材料与款式。无论采用何种材料、结构或款式，其最基本的目标都是要满足功能需求的。

1.2　家具设计表达与设计流程

从其性质来讲，家具设计属于产品设计的范畴。在室内装饰中，目前正在蓬勃发展的软装饰设计的重要组成部分就是家具设计。

1.2.1　家具设计的内容

家具设计和一般工业产品设计一样，需要建立在市场需求的基础上，综合考虑材料、工艺、外观和功能等各个因素，进行全方面整合才能真正做好家具设计。具体到家具设计工作内容应为：市场调研分析、造型及功能设计、结构设计、材料计算和工艺设计。

市场调研分析是调研市场的需求，分析要设计的家具所对应的使用人群、年龄分布和市场流行趋势等各个指标后，依据分析结论确定家具设计方向。这样才能有的放矢，不至于所设计的家具只有自己喜欢，没有市场基础，成为纸上谈兵的设计。

造型及功能设计是根据设计定位、用途和功能要求，确定家具产品的外形、基本尺寸、形状特征、材料质感、色彩以及产品应达到的性能，并得出造型设计图。造型是消费者选择是否购买该款产品的一个最重要指标，消费者不大可能关注到家具生产背后的市场分析、家具结构和家具工艺等问题，消费者往往会对这款家具是否是自己所需要的，外形是否是自己所喜欢的，做工是否精良，价格是否合适等做出判断，从而来确定是否要购买。所以在家具设计上，造型和功能往往是取胜的关键，其中造型设计是尤为关键的指标。

结构设计主要是根据造型设计图来确定零件合理的加工形状与尺寸并对材料进行合理选择与计算，制订零部件之间的结合方式及加工工艺，并确定局部与整体构造的相互关系，然后画出结构设计图。科学合理的结构设计可以增强产品的强度，降低材料消耗，提高生产效率。综合而言，结构设计是成本控制的一个关键指标，是家具产品投入市场后成败的一个重要依据。

材料计算是根据结构设计图来确定所用原辅材料的种类、规格和数量，编制材料计算明细表，以作为备料依据。

工艺设计是根据产品的结构和技术条件，制订相应的加工方法、工艺流程、操作规范和质量控制指标，并选择合适的加工设备。

简单来说，好的家具设计不能仅仅是电脑（计算机）设计看起来漂亮，还得符合市场的大众审美需求、能够量产，同时还能很好地控制成本，这就需要家具设计者必须从上述的市场、造型、结构、材料、工艺这 5 个方面进行考量，做出真正符合市场需求的家具设计。

1.2.2　家具设计师必须掌握的技能

家具行业的不断完善和发展，尤其是个人电脑以及网络传播的普及，对家具设计师的技能提出了更高要求。要成为一名合格的家具设计师至少要具备以下 8 项技能。

1. 良好的手绘能力

电脑设计软件虽然强大，但是要始终记住，那终究只是一个绘图的工具。设计师的思维才是设计成败的关键，在完善设计思维的过程中是离不开徒手绘图能力的。徒手绘制一个个家具设计草案的过程，会不断启发设计师的灵感，最终的成品也是在徒手草图绘制的过程中完善并最终成型的。

2. 很好的制作模型的技术

能使用泡沫塑料、石膏、树脂和 MDF 板等塑型，并了解使用 SLA、SLS、LOM 和硅胶等快速模型的技巧。

3. 必须掌握两种以上平面设计软件

平面设计软件可以分为两大类别。其中一种是位图，比如业界最为常用的 Photoshop 即是其中最典型的代表。位图设计软件制作的图片以像素点构成画面，优点是图片层次、色彩非常真实，我们日常拍摄的照片就是位图格式的。缺点是画面由像素构成，不能够无限量放大，放大后的结果就是画面变得模糊不清。另外一种类别是矢量图，矢量图的层次与颜色不如位图那么丰富，但是它的特点是无论怎样放大都是清晰的，矢量图软件代表有 Freehand 和 Illustrator。对于家具设计师而言，Photoshop 是必须掌握的，此外还必须掌握一个矢量图软件。

4. 至少能够使用一种三维造型软件

平面软件不能展示产品的立体效果。从直观上而言，三维软件能够更加客观地展示家具的造型，也更容易打动客户。目前市场制作三维效果的软件很多，但是主流的多是 3ds max、PRO/E、Rhino3D 这三种。3ds max 的功能非常强大，电影特效、建筑、室内、产品设计等各个领域都在广泛使用；PRO/E 则更为精细，在产品和模具设计上有其独特的数据优势；Rhino3D 则在曲面建模上有其独特的优势，对于一些异面造型的物体制作更为方便。

需要注意的是，三维软件有很多，但是软件学习的要点是做到少而精，追求多而全最后结果往往是哪个都学不精。能够精通一个软件肯定比对于 3 个软件都只知道皮毛好很多。此外，三维软件可以说是全部软件中最难学习的，在能力范围内当然是学得越多越好，否则宁可只选择其中一个认真学精。

5. 二维绘图能力方面

国内大多数公司对于二维绘图都是采用软件 AutoCAD，这个软件相对而言好学易用。在使用过程中，最需要注意的是尺寸以及图形的精确，因为在生产时很多数据都是以 CAD 图纸为标准的。

6. 有良好的沟通表达能力

前 5 项能力其实可以概括为表现能力，无论手绘、模型还是电脑绘图，都是为了更好地表现产品。可是当今社会比拼的不仅仅是技能，更为重要的是综合素质。如果仅仅是会制作表现图，还是不足以让自己获得客户的认可。因此往往会出现这样一种情况：设计图制作得很好，但是设计师不善于沟通表达，结果方案经常被否定。

在某些社会场合中，情商可能比智商更为重要。具有优秀的表达能力及掌握人际交往的技巧，会更加容易使得自己的设计获得认可。

7. 良好的市场意识

设计也可以理解为一种服务，设计优良的家具款式其实就是为了帮助厂家获得更好的销售。对于厂家而言，最为注重的其实就是这款家具量产后能够有很好的销售效果。设计的家具最后就是为了卖出去，这点应该被每一位家具设计师所牢牢记住。因此，在设计之前，在设计师头脑中始终要有一个市场意识，要知道目前大众的心理，清楚自己所设计的这款家具的受众群是哪些人。如果不了解市场，那么可以多去家具卖场看看，问问哪款家具卖得最好。确立了市场意识，不断通过实地考察了解市场动向。时间长了，在每次设计之前就会想到：我做的设计不是为了自己喜欢，而是为了让其他的普通消费者喜欢。

8. 熟悉制作工艺

设计最忌讳的就是纸上谈兵，有时甚至会出现对于某些所谓的设计根本没有办法实现生产的尴尬。而且从市场角度分析，即使某款设计符合目前的市场需求，但考虑到工艺太复杂以至于生产成本过高，都有可能被放弃。所以作为一名合格的设计师，必须全方面掌握家具生产的流程以及工艺。虽然并不需要设计师会制作家具，但是至少要知道这些家具的制作过程。这样，在做设计的时候，就会考虑到这样一个曲面造型会不会把生产成本一下提得太高等问题。

1.2.3 家具设计流程

产品设计从最初的创意构思到概念草图，最后到效果图、功能分析图、三视图和部件图，不仅反映着产品创意的产生和发展，设计还在这个过程中得到了不断完善。就设计的全过程而言，大致可以分为三个阶段：初步设计阶段、深化设计阶段和细化设计阶段。

1．初步设计阶段

在设计领域有一句名言："天使在想象中，魔鬼在细节里！"当躺在床上想象的时候，会感觉非常美妙。当真正落到实处来进行产品的开发设计时，就会发现很多的问题。这就要求从初步设计的阶段就要开始考虑各种各样可能出现的情况。就产品开发的初步设计而言，徒手绘制草图能力非常重要，因为所有的形态构成一般都是通过巧妙的手绘而进行表现的，随意的概念草图能以简练的线条表示出许多以文字形式难以表述清楚的"想法"。

草图为分为概念草图、提炼草图和结构草图等。草图绘制不限制使用哪种工具或方法，在技法上多用铅笔或者签字笔进行简练的速写式线条表现，重点是在手绘草图的过程中把设计者大概的想法或者概念逐步清晰化，如图1-1所示。通过手绘草图的形式对设计思路进行修正，最终形成初步的设计造型形象。这时还可以进行一定的精细化手绘，甚至淡淡上一点色，让设计思路更加明确化、清晰化，为之后的深化设计打下扎实的基础，如图1-2所示。

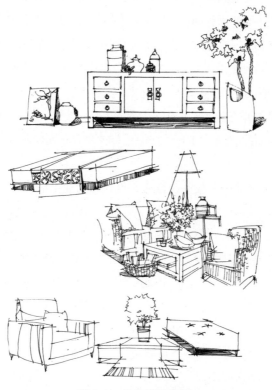

图1-1 初步创意草图

图 1-2　初步设计稿的完善

　　在实际工作中，团队合作是一种常见的工作形态。在公司经常会出现一个设计小组设计开发同一个项目：草图创意的概念或思路往往由设计总监或组长提出，由几位设计师根据确定的概念或思路拿出若干个不同的设计创意，再把大家的草图汇聚一起研讨，相互碰撞，在这期间甚至会出现争论，最终确定一个大方向，全部人员按照这个大方向进一步把初步设计深入、完善。在招聘信息中经常看到要求应聘者要有团队合作精神这样的要求，实际上在实际工作中，尤其是设计工作中，团队合作精神确实非常重要。在初步设计定稿的过程中，出现争论甚至争吵都无关紧要，最重要的是在这个过程中一旦团队确定了最终的设计思路，大家都要摒弃自己的个体想法，全力协助团队进行工作，只有这样才是真正的团队合作，这也是设计师应该具备的职业态度。

　　从根本上讲，设计也是一个服务性行业，设计师为业主或者甲方（设计委托单位）进行设计，最重要的目标是帮助甲方更好地销售产品。市场需求和趋势是设计师应该重点关注的方向。在家具产品开发设计中确定设计定位犹如在航海中确定航标，定位准确会取得事半功倍的效果，稍有差错则会导致整个开发设计走入歧途而失败。

　　设计师一方面需要不断强化自己的市场意识，了解市场动态，另外一个方面要不断加强与甲方的沟通。要考虑清楚设计什么样的产品；为哪些人所使用；对于已有的产品形态和功能，用哪些新特点来满足人们的进一步需求；怎样应用新技术与新材料；怎样突破陈旧的造型模式而使产品更加吸引用户。只有从市场的角度出发，从产品开发的关键点展开，才能有效地创造出新的产品设计。

　　设计师要始终明确，设计不是为了自己的喜好来做的，而是为了市场上的特定受众群来进行的。如果在初步设计的阶段，对于市场需求不是非常清晰，可以在初步设计阶段邀请甲方参与，尤其是甲方的一线资深销售人员，他们是最清楚客户的真正需求的。甲方的参与非常有利于设计概念具体化和市场化。设计师通过与甲方的深入沟通与协作，最终形成最佳目标的初步设计方案。

2. 深化设计阶段

家具产品开发设计是一个系统化的进程，从初步的概念草图设计开始，逐步深入到产品的形态、结构、工艺、材料、色彩和成本等相关要素。

（1）三维效果图和三视图

在初步设计完成的基础上，接下来就应该把家具的基本造型进一步用更完整的三维效果图和三视图的形式表现出来，初步完成家具造型设计，如图1-3和图1-4所示。

图1-3　"伊姆斯"椅三维效果图

随着计算机辅助设计的迅猛发展，从前的麦克笔技法和水粉、水彩画法以及喷绘画法等手绘方法已经逐渐弱化。不需要去纠结手绘效果图的没落，甚至认为这是艺术的消亡。其实回想一下，手绘表现技法可以说是为客户服务、让客户理解设计方案的一个工具。那么现在有了表现更加逼真、全面，更加易于修改也更加易于为客户所理解的电脑效果图，我们为什么不采用呢？ 3ds max、Rhino 3D、PRO/E、Catia等软件的出现，为效果图设计提供了更高效的选择。所以，计算机三维立体效果图已成为产品开发设计效果图的首选，成为新一代设计师必须掌握的工具。

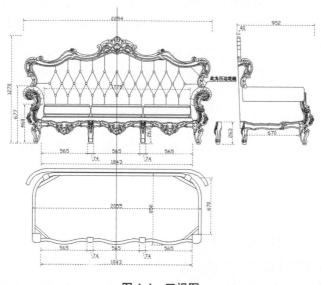

图1-4　三视图

在完成三维效果图和三视图的过程中，除了重点关注造型设计外，还必须对家具的材质、肌理和色彩等表面装饰进行设计。

在对家具的表面装饰进行设计的过程中，最好能够对材质、肌理和色彩进行不同设计，做出不同组合效果，然后进行分析，最终通过分析和比较来确定最终的版本，也可以在比较的过程中确定几个不同的版本。一款家具有不同的材质、肌理和色彩也是目前家具设计的一个常态形式，这也给有不同喜好的客户提供了更多的选择机会，也更利于促进家具的销售和市场推广。

（2）结构设计

很多初学者有个认识上的误区，他们认为在效果图和三视图完成后家具设计工作就结束了。其实在真正的家具设计中，在造型、材质、肌理、色彩和装饰设计确定之后，接着要进行结构设计，甚至还必须对零部件进行设计。

结构设计主要是确定零件合理的加工形状与尺寸、材料的合理选择与计算，并制订零部件之间的结合方式及加工工艺以及确定局部与整体构造的相互关系。科学合理的结构设计可以增强产品的强度，降低材料消耗，提高生产效率，因此必须加以重视。可以说，家具的结构是能否实现快速量产和成本控制的一个关键指标，在设计的过程中要进行大量的细节推敲与研究。结构设计不合理，可能会导致产品售后服务费用的成倍增长。

家具结构设计应注意如下内容

尽可能绘制出家具的各部分结构分解图，比如木质曲面造型是采用整根型材还是采用拼接方式，拼接采用榫接还是连接件连接等，这些都要在分解图中体现出来。此外，家具的关键部位节点构造图能够细化要尽量细化，为工艺生产对接创造良好的基础，也避免出现设计师必须一趟趟跑到生产环节去解决问题的麻烦。

人体工学的尺度推敲分析。以人为本是每个家具厂商追求的目标，推敲家具尺寸，实际上就是要最大程度地满足使用者的功能需求，让大多数使用者在使用家具时感到舒适、方便。

产品的系列化组合。单体家具在市场上并不是主流，更多的业主喜欢选择成套的家具。这就要求设计师在家具设计的过程中要充分考虑家具组合的问题。此外，家具设计好之后，还必须根据该款家具的风格将其配置在相对应的室内空间中进行比较分析，看看风格是否对应，搭配是否和谐等。

（3）模型制作或打样

家具产品开发设计不同于其他设计，它是立体的物质实体性设计，单纯依靠平面的设计效果图检验不出实际造型产品的空间体量关系和材质肌理，模型制作或者打样是家具由设计向生产转化阶段的重要一环。有很多时候设计容易与生产脱节，这个时候可以考虑制作出模型，甚至打样出样品来对设计进行一次最后的检验，这样可以很好地解决设计与造型、结构有关的制造工艺问题，从而避免纸上谈兵。

按照比例进行模型制作是个不错方法，但是如果条件许可，亲手制作出自己设计的家具样品无疑是最佳的选择。在这方面，国外的家具设计教育无疑做得更好，不仅强调设计理论教学，也强调设计与生产的结合，真正做到了产学研一体化。简单来说就是，仅仅进行图纸化设计还不够，还得自己动手把家具生产出来。这其中，包豪斯学院无疑就是一个经典代表，该学院不仅产生了诸多的建筑及室内设计大师，其师生亲手设计并制作的家具，时隔 50 年以上仍然是风靡全球的家具经典代表，依然拥有惊人的销售量，如图 1-5 和图 1-6 所示。什么是经典——当时间已经过去很久，甚至设计师都已经去世很久，其作品还在全球范围内流行，这就是经典。

图 1-5　"巴塞罗那"椅

图 1-6　"瓦西里"扶手椅

　　世界上很多家具设计大师的经典成功作品都证明了模型制作或打样是家具产品开发中的重要环节。丹麦家具设计大师汉斯·韦格纳是一位现代坐具艺术大师，在家具设计上对全人类有突出贡献，他成功的经验之一就是对家具材料、质感、结构和工艺上有深入的了解并自己有精湛的制作技艺，他的所有椅子设计都有严格按比例制作的仿真材料实物模型，他的具有曲线韵味的系列化现代家具都是经过比例模型的制作而精心进行光影、空间、环境的设计评估再投入批量生产的，如图 1-7 所示。国内家具品牌曲美第一次购买的汉斯设计就是一个纸折的床模型。

　　芬兰的建筑与家具设计大师库卡波罗的 Karoselli（卡路赛利）椅在设计打样过程中，只制模打样阶段的实验就耗时一年。从一开始尝试按身体形状坐在一堆网络线里形成外形，然后将其固定在管状骨架中，用浸过石膏的麻布覆盖，不断进行修改，推敲人体工学最佳尺度，最后是玻璃钢铸造，以皮革软垫饰面，利用钢制弹簧和橡胶阀将椅座和椅子底部连接，使得座椅贴体舒适且转动自如，如图 1-8 所示。

图 1-7　韦格纳作品

图 1-8　Karoselli（卡路赛利）椅

打样家具需要很多的设备和材料，同时也需要较高的工艺水准，如果条件达不到要求的话也可以考虑模型制作。模型制作常用木材、黏土、塑料板材或块材以及金属、皮革和布艺等，使用仿真的材料和精细的加工手段，通常按照一定的比例（1:10 或 1:5）制作出尺寸精确、材质肌理逼真的模型。模型制作完成后可配以一定的仿真环境背景然后拍成照片并制作幻灯片，进一步为设计评估和设计展示所利用，也利于编写设计报告书。模型制作要通过设计评估才能确定进一步转入制造工艺环节。

（4）家具制造工艺图

在家具模型制作或打样确定之后，整个设计进程便转入制造工艺环节。绘制家具制造工艺图是家具新产品设计开发的最后工作程序，该工艺图是新产品投入批量生产的基本工程技术文件和重要依据。家具工艺图必须按照我国国家制图标准（SG 137—1978 家具制图标准）来进行绘制，包括总装配图、零部件图、大样图、开料图、加工说明与要求、材料等生产用图样。同时还必须提供家具工艺技术文件，包括零部件加工流程表（包括工艺流程、加工说明与要求）、材料计划表（板材、五金件清单）等，并设计产品包装图，编制技术说明、包装说明、运输规则及说明、使用说明书等。

① 装配图

装配图是将一件家具的所有零部件按照一定的组合方式装配在一起的家具结构装配图，或称为总装图，如图 1-9 所示。

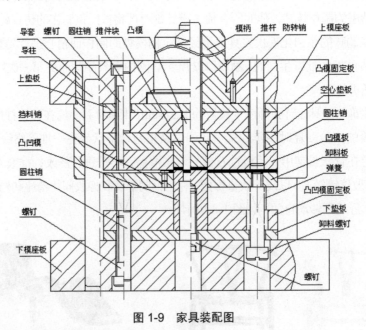

图 1-9　家具装配图

② 部件图

家具各个部件的制造装配图，介于总装图与零件图之间的工艺图纸，简称部件图，如图 1-10 所示。

③ 零件图

家具零件所需的工艺图纸或外加工外购图纸，简称零件图。

④ 大样图

在家具制造中，有些结构复杂而不规则的特殊造型和结构，比如对于不规则曲线零部件的加工要求，需要绘制 1:1、1:2、1:5 的分解大样尺寸图纸，简称大样图。

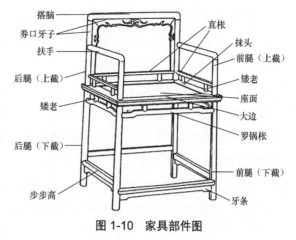

图 1-10　家具部件图

深化设计阶段的"三维效果图和三视图""结构设计""模型制作或打样""家具制造工艺图"这 4 个环节都是为了让设计落到实处，避免纸上谈兵的可能。在家具深化设计阶段更应与甲方（设计委托单位）加强沟通，因为深化设计阶段其实就是家具设计最终的成型阶段。到了这个阶段，家具基本上全部确定了，只差最后的生产环节。在这个阶段，设计师还应该到家具生产第一线对甲方的家具材料、配件家具、五金件加工厂和商场，进行考察并与生产制造部门多沟通，使家具深化设计进一步完善。

1.3　家具设计市场营销方法

之前我们已经反复讲述过市场和客户的重要性，正是考虑到市场和客户才是家具设计的根本，所以在这里再来强调一下设计营销的重要性。

1.3.1　市场调查与设计策划

家具产品设计与开发是以市场和客户的需求为导向的，在市场上应该能够满足大众需求，同时又便于批量生产，更重要的是能为家具企业创造效益。因此在家具设计之前，首要任务是掌握市场的需求，要开展市场调查，进行信息的搜集与分析，了解市场动态。只有在此基础上进行纵向与横向的对比，对市场信息进行准确的分析与定位，才能保证设计的成功。目前一些家具企业的新产品开发力度不够，或者开发出来投入市场反响平平，产品滞销，大量积压库存，多数是由于缺乏市场调查和科学分析，设计与开发盲目性大，受众群小，增加了企业风险。

科学的家具产品设计策划应该建立在市场调查的基础上，通过同类型产品销量分析，尤其是热销产品分析，有针对性地进行市场预测，再根据分析结果确立设计目标。明确将要开发的产品并确定其进入市场的时间、地点和条件，然后制订策划方案与实施计划，确保设计活动正常有序地进行。

常规的市场调查方法是通过市场调查问卷的形式完成的，有实体市场调查、网络调查和电话调查等多种形式。不管采用何种形式，首先要设计一份针对性强的调查问卷。为了提高调查成功率，可以设置相应的奖励。

在中国电商平台蓬勃发展的今天，对于产品设计的市场调查研究，无疑又出现了一种更加便利的条件，即通过电商平台如淘宝、天猫、阿里巴巴和京东等对于产品的销售进行调查。市场有时候非常难以捉摸，入行很久的人也不敢说能够完全了解市场。但是有一个简单的判断方法，那就是销得最好的产品就是市场认可度最高的产品。电商平台的兴起，无疑为我们掌握市场动态提供了很好的信息来源。方法很简单，下面以淘宝为例进行说明。

1）打开淘宝网站，输入关键词"家具"，如图 1-11 所示。

图 1-11　关键词搜索

2）单击"搜索"按钮后进入家具页面，然后单击"销量"按钮，所有家具产品会以销量进行排名，如图 1-12 所示。

图 1-12　销量分析

有了这些数据，其实就可以帮助我们进行一些基础性分析了。从图 1-12 可以看出，在目前销量最好的前 8 款家具中，儿童床占了两款，而且第一名即为一款儿童床家具。从款式来进行分析，这两款儿童家具均采用实木制作，且床底的设计均为柜子，旁边还设计有一个小梯子。这至少能够给我们以下几点启发：第一，有越来越多的人选择在网上购买儿童家具，那么是否也从侧面证实了儿童家具的实体销售店相对较少，所以更多人选择去网上购买？第二，两款家具均为实木造型，是否证明越来越多父母更多地考虑到了家具的环保性能，才导致实木儿童床的畅销？第三，在家具造型上设计更多的储物空间，方便存放小孩玩具，方便父母整理，是不是更加适合儿童床的功能需要？第四，儿童床设计梯子，在造型上是否显得更加活跃、更加漂亮呢？这些其实就可以构成对于市场的一个大致了解，也更利于设计方向的确立。

当然，最后的分析结论是不能仅仅只靠这 8 款产品的销量得出的。我们还应该更加细化，比如针对儿童床家具进行多次关键词搜索，再进行分析比对。此外，还需要对后台数据进行分析，比如购买人群的年龄段、购买人群的地域、接受的价格区间和购买的时段等。将全部数据整合后，在设计开发上就不会再那么盲目了。

电商平台有很多，除了上述的淘宝等，还有其他的平台也可以提供数据进行分析，将数据进行整合、分析并讨论，再经过若干次草案设计和细节推敲后，才能最终确定设计方案。如果有可能，也可以在家具设计中整合产品的广告与包装策划设计，比如产品的命名与包装、画册设计，产品的广告主题及表现，产品的展示设计、商店布置、陈列设计和 POP 广告设计等。

1.3.2 市场信息反馈及跟进

新产品最终目标价值的实现，不能仅靠自身设计和一个好的营销策划，还必须在实际运作过程中不断跟进，不断完善设计。需要及时发现问题，准确地采取对策和措施，从而保证新产品的设计开发能创造出更高的社会效益和经济价值。产品从设计、生产到销售，整个过程是按照严密的次序逐步进行的，已形成了一个循环系统。这个过程有时会前后颠倒、相互交错，出现回头现象，这正是为了不断检验和改进设计，最终实现设计的目的和要求。

产品不可能一成不变，一款热销产品随着时间的推移，往往会由热销转为滞销。设计师不能以交稿为设计工作的终结，也不能因为设计产品热销而沾沾自喜，止步不前。市场随时都在变化，这也要求设计师必须跟紧市场的步伐，随时做出相应的调整，跟随市场的脚步不断前进。销售一线会反馈大量的数据，某款产品虽然热销，但是也可能会出现其他很多意想不到的问题，比如家具拼装过于复杂，某些节点的位置设计不合理，耐用性不够等。产品需要在上市一段时间后，由各种人群使用后汇集并反馈问题，设计师才能根据这些问题，对原有款式进行调整。

总之，设计师在设计开发工作中不能以自我为中心，要在脑海里始终树立市场意识。市场永远都是对的，我们所做的一切都是为了市场，是为了客户服务的！

第2章
家具功能与尺寸设计

人性化设计是每款家具设计都必须考虑到的，因为家具的服务对象是人，设计和生产的每一件家具都要给人使用。从功能角度讲，家具必须考虑到使用者的舒适性和易用性，道理很简单，比如椅子坐垫太低，腿伸展不开，这就不符合舒适性原则；比如吊柜的把手太高，每次打开都得搬来小凳子，这就不符合易用性原则。因此，在家具设计的过程中要充分考虑到人体的构造、尺度、体感、动作和心理等人体机能特征。我们讲的人机工程，针对的是大多数使用人群，至于一些特定的人群，比如姚明等，则需要进行专门定制服务。

2.1 家具设计与人体尺寸

家具设计与人体的尺寸有很大关系，人体的尺寸在很大程度上决定了家具尺寸的最终确定。要完成优秀的家具设计，必须掌握人体相关的各种尺度。

2.1.1 与家具相关的人体系统

人体是由骨骼系统、肌肉系统、消化系统、血液循环系统、呼吸系统、泌尿系统、内分泌系统、神经系统和感觉系统等组成的。这些系统像一台机器那样互相配合、互相制约地共同维持着人的生命并完成人体的活动。在这些人体组织系统中，与家具设计有密切关联的是骨骼系统、肌肉系统和感觉系统。

1. 骨骼系统

骨骼是人体的骨架，是家具设计确定人体比例和人体尺寸的基本依据。骨与骨的连接处叫作关节，关节使得人体可以进行屈伸、回旋等各种不同的动作，形成人体各种姿态。家具设计必须研究人体各种姿态下的骨关节运动与家具的关系。

2. 肌肉系统

肌肉支配着骨骼和关节的运动。当人保持一个姿势时，肌肉则处于长期的紧张状态而极易产生疲劳。因此，在家具特别是坐卧类家具设计中，要研究家具与人体肌肉承压面的关系，缓解疲劳的产生。

3. 感觉系统

人们通过视觉、听觉、触觉、嗅觉和味觉等感觉系统而接受各种信息，刺激传达到大脑，然后由大脑发出指令，再由神经系统将指令传递到肌肉系统，最后产生反射式的行为活动。比如夜晚在床上仰卧睡眠时间过久后，肌肉受压通过触觉传递信息后做出反射性的行为活动，于是人体翻身呈侧卧姿态。

2.1.2　人体动作与家具的关系

人体的动作变化万千，肢体动作组合甚至构成一门艺术——舞蹈。对于坐、卧、立、蹲、跳、旋转和行走都具有不同尺度和不同的空间的需求。从家具设计的角度来看，合理地依据人体一定姿态下的肌肉、骨骼的结构来设计家具，能调整人的体力损耗并减少肌肉的疲劳，从而极大地提高工作效率。因此在家具设计中对人体动作的研究显得十分必要。与家具设计密切相关的人体动作主要是立、坐、卧，如图2-1所示。

立：人体站立是一种最基本的自然姿态。当人站立着进行各种活动时，人体的骨骼和肌肉时时处在变换和调节状态中，这种不停变换和调节可以让人不容易感觉到疲劳。但是站立着保持某种单一的行为和动作（比如站立）时，这时就没有骨骼和肌肉的变换和调节，只有一部分关节和肌肉长期地处于紧张状态，极易感到疲劳。人体在站立活动中，活动变化最少的应属腰椎及其附属的肌肉部分，因此人的腰部最易感到疲劳，这就需要人们经常活动腰部和改变站立姿态。

坐：人们的活动和工作有相当大的部分是坐着进行的，因此需要更多地研究人在坐着时骨骼和肌肉的关系。人体必须依靠适当的坐平面和靠背倾斜面来得到支撑和保持躯干的平衡，使人体骨骼、肌肉在人坐下来时能获得合理的松弛形态，为此人们设计了各类坐具以满足坐姿下的各种使用活动。

卧：卧的姿态使人体能够得到的最好的休息。因为无论站立和坐，人的脊椎骨骼和肌肉总会受到压迫并处于一定的收缩状态，而卧的姿态才能使脊椎骨骼的受压状态得到真正的松弛，从而得到最好的休息。

图2-1　人体的各种基本动作

2.1.3　人体尺寸

人体尺寸是家具设计最主要的依据，比如人体站立时伸手最大的活动范围，坐姿舒适时下腿高度、上腿的长度及上身的活动范围，睡姿时人体的宽度和长度及翻身的范围等都与家具尺寸有着密切的关系。因此学习家具设计，必须首先了解人体各部位固有的基本尺寸。

但是人体又是多种多样的，而且人体尺寸会随着地域、年纪而产生变化，比如我国北方人的平均高度就会高于南方人，而北欧国家的居民的平均身高又会明显高于其他国家。中国建筑科学研究院做过的一项统计即可证明这点，见表2-1。此外，随着时代的进步和人们生活水平的提高，人体尺寸也在发生变化。以前我们觉得日本人身高低，可是随着日本生活水平提高，日本人的平均身高已经超越了中国人。除了人体尺寸的变化外，家具本身的服务对象也是无法限定的，比如同一把椅子，此时可能会被一个高个子壮汉使用，之后可能又会被一个小个子女生使用。

表2-1　我国不同地区成年人的人体各部位平均尺寸　　　　　　单位：mm

编号	部　　位	较高人体地区（河北、山东、辽宁）		中等人体地区（长江三角洲）		较低人体地区（四川、云南、贵州）	
		男	女	男	女	男	女
A	人体高度	1690	1580	1670	1560	1630	1530
B	肩宽度	420	387	415	397	414	386
C	肩峰对头顶高度	293	285	291	282	285	269
D	正立时眼的高度	1573	1474	1547	1143	1512	1420
E	正坐时眼的高度	1203	1140	1181	1110	1144	1078
F	胸廓前后径	200	200	201	203	205	220
G	上臂长度	308	291	310	293	307	289
H	前臂长度	238	220	238	220	245	220
I	手长度	196	184	192	178	190	178
J	肩峰高度	1397	1295	1379	1278	1345	1261
K	1/2（上肢展开全长）	867	795	843	787	848	791
L	上身高度	600	561	586	546	565	524
M	臀部宽度	307	307	309	319	311	320
N	肚脐宽度	992	948	983	925	980	920
O	指尖至地面高度	633	612	616	590	606	575
P	上腿长度	415	395	409	379	403	378
Q	下腿长度	397	373	392	369	391	365
R	脚高度	68	63	68	67	67	65
S	坐高	893	846	877	825	850	793
T	腓骨头的高度	414	390	407	382	402	382
U	大腿水平长度	450	435	445	425	443	422
V	肘下尺	243	240	239	230	220	216

人体尺寸差异对于家具设计会产生很大影响，需要注意的方面主要如下。

1. 种族差异

不同的国家或不同的种族，由于地理环境、生活习惯和遗传特质的不同，人体尺寸差异十分明显。针对某些特定区域性市场做设计时需要特别关注到这一点。

2. 时代差异

在日常生活中我们可能很容易发现一个有趣的现象，那就是子女们往往比父母长得高，这个问题在总人口的身高平均值上也可以得到证实。因此在做设计时，对于所采集的数据也需要考虑时代性问题，若使用三四十年前的数据会导致出现错误。

3. 年龄的差异

年龄造成的差异也很重要，比如小孩处于成长期，身高数据的变化非常明显。在为这种特定年龄段的人做设计时，必须充分考虑到一个预留性的问题，比如儿童床的设计必须横跨某个年龄段，如 3 ~ 10 岁，因为很少有客户会为孩子的某个特定年龄买单的。

4. 性别差异

3 ~ 10 岁这一年龄阶段男女的差别极小，同一数值对两性均适用，两性身体尺寸的明显差别是从 10 岁开始的。调查表明，女性与身高相同的男性相比，身体比例是完全不同的，女性臀宽肩窄，躯干较男性修长，四肢较短，在设计中应注意到这些差别。

正是由于这种种原因，在家具设计的人体尺寸把握上，我们只能采用平均值作为设计时的尺度依据。因此对尺度的理解是要有尺度，离开了人体尺寸就无从着手设计家具，但对尺度也要有辩证的观点，它具有一定的灵活性。

2.2　家具尺寸设计

人体尺寸包含两种，一种是静态尺寸，一种是动态尺寸。静态尺寸一般也叫作构造尺寸，包括身高、坐高、手臂长度、腿长度、臀宽、大腿厚度、坐时两肘之间的宽度等。动态尺寸又叫作功能尺寸，是指人在进行某种功能活动时肢体所能达到的空间范围，如图 2-2 所示。动态尺寸对于解决许多带有空间范围、位置的设计很有指导作用。

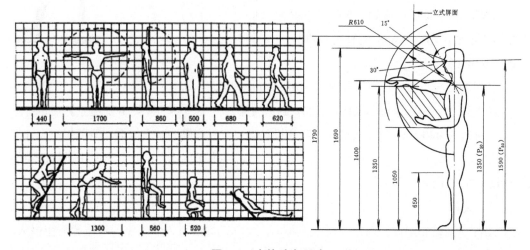

图 2-2　人体动态尺寸

根据人体活动及相关的姿态，人们设计生产了相应的家具，我们将其分类为坐卧性家具、凭依性家具及储藏性家具。

2.2.1 坐具家具尺寸设计

按照人们日常生活的行为，坐与卧是占用最多时间的动作姿态，比如工作、学习和用餐基本都是在坐姿状态下完成的，而每天有近 1/3 时间是在卧的状态下完成的，因此坐卧性家具就显得特别重要。

坐卧性家具的基本功能是让人们坐得舒服、睡得安宁、减少疲劳和提高工作效率。人感觉疲劳除了心理和精神因素外，最主要是因为骨骼、肌肉和韧带处于长时间的收缩状态时人体需要给这部分肌肉持续供给养料，如果供养不足，人体的部分机体就会感到疲劳。因此在设计坐卧性家具时，就必须充分考虑人体尺寸因素。合理的家具尺寸可以使骨骼、肌肉处于一种舒适的状态，血液循环与神经组织不过分受压，可以最大程度减少产生的疲劳。这个很容易理解，如果坐垫太低，导致使用者的腿部必须朝外伸直，自然更加容易产生疲劳。

1. 座高

座高是指坐具的坐面与地面的垂直距离。座高是影响坐姿舒适程度的重要因素之一，座面高度不合理会导致不正确的坐姿，容易使人体腰部产生疲劳感。座面过高，双脚不能落地，使大腿前半部近膝窝处软组织受压，久坐时血液循环不畅，肌腱就会发胀而麻木；如果座面过低，则大腿碰不到椅面，体压过于集中在坐骨节点上，时间久了会产生疼痛感；另外座面过低，人体形成前屈姿态，从而增大了背部肌肉的活动强度，而且重心过低，使人起立时感到困难。合适的座高应略小于坐者小腿到地面的垂直距离，小腿有一定的斜度和活动余地，如图 2-3 所示。

根据研究表明，合适的座高应等于小腿加足高再加上 25 ～ 35mm 的鞋跟厚再减去 10 ～ 20mm 的活动余地，即

图 2-3　座高

椅子座高 = 小腿 + 足高 + 鞋跟厚 -10 ～ 20mm 活动空间

而实际上我国国家标准 GB/T 3326—1997《家具　桌、椅、凳类主要尺寸》规定：座高应为 400 ～ 440mm。这也就成为了我们设计坐姿家具座高的一个依据。但理想的设计与实际使用有一定差异，一张座椅可能为男女高矮各种人所使用，因此只能取用平均适中的数据来确定较优的合适座高。

2. 座深

座深主要是指座面的前沿至后沿的距离。座深的深度对人体坐姿的舒适影响也很大。如座面过深，超过大腿水平长度，人体与靠背将产生较大的倾斜度，这时腰部不能与靠背很好地贴合，会出现腰部悬空的情况，容易产生腰部疲劳；同时座面过深，膝窝贴近座面，容易产生麻木的反应，使人难以起立。因此，座深的尺寸应满足以下三个条件。

1）臀部得到充分支撑。

2）腰部能够与靠背充分贴合。

3）座深应小于人坐姿时大腿的水平长度，使座面前沿离开小腿有一定的距离，保证小腿的活动自由。

根据人体尺寸统计数据，我国人体坐姿的大腿水平长度平均是：男性为 445mm，女性为 425mm，然后保证座面前沿离开膝窝一定的距离约 60mm，这样一般情况下座深尺寸为 380 ～ 420mm 为宜。

图 2-4 工作座椅

日常座椅，还可以分为两大类，一种是工作座椅，一种是休闲座椅。工作时，人体腰椎多为垂直状态，所以其座深可以在 380 ～ 420mm 这个范围内设计得稍微浅一点，如图 2-4 所示。而作为休闲用的座椅，使用者多会选择一种斜靠的姿势，所以对于休闲椅的座深可以设计得略为深一些，如图 2-5 所示。

图 2-5 休闲座椅

3. 座宽

座宽是指座面的横向宽度。座宽的舒适性标准应使人体臀部得到全部支撑并有一定的活动余地，使人能随时调换坐姿。座宽设计对应的人体尺寸就是臀宽，是由人体臀部尺寸加适当的活动范围而定的。在座宽设计中还必须考虑一个加大性问题，因为使用者是无法限定的，所以座宽设计必须保证那些身材高大的人也能够坐下去，而实际上座宽设计以宽为好，宽度有富余，更利于坐姿的调整。

相对而言，扶手椅要比靠背椅的座宽略宽一些，其宽度以人体手臂舒适性自然放置于扶手上的宽度为宜。如果座宽太窄，两臂必须往里收紧，不能自然放置；如果太宽，双臂就必须往外扩张，同样不能自然放置，时间稍久也会让人感到不适。因此，有扶手的座椅，两扶手之间的距离即可设定为座宽尺寸。

我国国家标准 GB/T 3326—1997《家具 桌、椅、凳类主要尺寸》规定扶手椅内宽≥460mm。

4. 座面倾斜度

座面倾斜度的设计也同样需要考虑座椅的功能，是休闲椅还是工作椅。人在休息时，会习惯性向后倾靠，使腰椎贴合靠背。在座面设计时，要充分考虑到人的这种习性，将座面大部分设计成向后倾斜，同时椅背也可以设计得略微向后倾斜，方便使用者在休闲时采用的斜靠坐姿。而人在工作时，其腰椎及骨盆常常处于较为垂直的状态，有时因工作需要还会产生前倾的要求，因此一般工作椅的座面以水平为好，甚至可以考虑椅面向前倾斜，如果使用有向后倾斜面的座椅，反而增加了人体力图保持重心向前时肌肉和韧带收缩的力度，容易引起疲劳。

座面设计除了倾斜度的考虑之外，还可以根据臀部的形状设计出更加贴合的座面，比如两边凸起中间凹进的造型，在很多办公椅的设计中很常见，其实也是为了让使用者获得更好的舒适度，如图 2-6 所示。目前在市场上有一种看似奇怪的平衡椅，座面向前倾斜，膝前设置膝靠垫，人的重量分布于坐骨和膝两个支撑点上，人坐上去会自然前倾，使背部、腹部、臀部的肌肉得到有效放松，工作中使用有利于集中注意力，提高工作效率，如图 2-7 所示。

图 2-6　座面设计　　　　　　　图 2-7　平衡椅

当然，平衡椅是一种特殊性设计产品，市场主流椅子的倾斜面是不会做到这个程度的。一般来说，工作及餐饮用椅座面倾角应为 0°～5° 之间，工作椅座面倾角约为 3° 会比较舒适。休闲椅可以采用更大一些的倾斜角度，通常以 5°～23° 为宜，依据休闲程度而定。如果设计的是直接用于休息的躺椅，倾斜角度甚至可以大于 23°。

5.　座椅靠背

座椅靠背的作用是使身体得到充分支撑，特别是使人体腰椎获得舒适的支撑面。因此，座椅靠背的设计应与坐姿时的腰背对应，可以仿照人的脊椎形状对应进行靠背设计，如图 2-8 所示。如果靠背高度需要达到全支撑，则从颈椎一直到尾椎，在靠背上分别对应。如果椅靠较低，一般支持位置在上腰凹部第二腰椎处。这样人体上肢前后左右可以较自由地活动，同时又便于腰关节的自由转动，如图 2-9 所示。

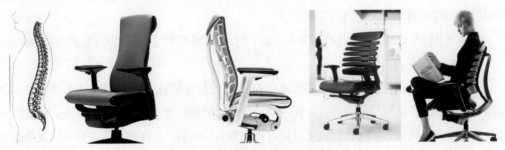

图 2-8　与脊椎对应的椅靠背设计

图 2-9　低靠背设计

此外，在靠背设计中，还要注意一个靠背倾斜角度的问题。一般来说，靠背倾斜角度越大，人体所获得的休息程度越高。有数据表明，当靠背倾角达到 110° 时，人体的肌电图的波动明显减少。当角度达到 180° 时，其实在功能上就已经相当于床了。

一般来说，休闲程度越高其靠背倾角也越大，工作椅靠背倾角较小，休闲椅则较大，而躺椅倾斜角度更大。常见椅凳类家具靠背倾角如表 2-2 所示。

表 2-2　常见椅凳类家具的靠背倾角

种类	座椅倾角	种类	座椅倾角
餐椅	90°	工作椅	95°～105°
躺椅	115°～135°	休闲椅	110°～130°

6. 扶手

设置扶手的目的是减轻两臂的疲劳。扶手的高度应与人的手臂自然下垂时肘的高度对应。扶手过高时两臂不能自然下垂，过低则两肘不能自然落靠，这两种情况都易使上臂疲劳。根据人体尺度，扶手表面至坐面的垂直距离为 200 ~ 250mm 为宜，同时扶手前端可以设计得略高，这样更加符合人体的自然舒适的要求。

7. 坐垫

坐垫是为了增加使用者舒适度的一个设置。人在坐着时，人体重量约有 75% 是由坐骨周围的部位来支撑，这样久坐会导致臀部痛楚、麻木。软硬适度的坐垫可使体重产生的压力分布比较均匀，不容易产生疲劳感。很多人有个认识上的误区，认为坐垫越软越好，其实坐垫过软很容易使整个身体无法得到应有的支撑，从而产生坐姿不稳定的感觉。比如坐在一大堆棉花上会很不稳定，只有双脚踩牢在坚实的地面上才有稳定感，因此过软的坐垫会迫使使用者保持一种特定姿势用于稳定，实际上这样更容易导致疲劳的产生。此外，如果坐垫过软，臀部和大腿会深深地凹陷入坐垫中，想保持正确的坐姿或改变坐姿都很困难，反而更容易使人疲劳。当然，若坐垫过硬也不好，这样会使人的体重集中于坐骨接触面，而这个接触面过硬，力的分布不均匀，集中于坐骨部分，这样很容易引起坐骨部分的压迫疼痛感。这就是坐实木椅子时间长了会感到不舒服的原因。

那如何判定坐垫软硬适中呢？我们可以用坐垫的下沉量来衡量。当使用者坐在坐垫上时，下沉的高度数值就是下沉量。通常来说坐垫的高度为25mm；一般简易沙发的坐面下沉量以70mm为宜，大中型沙发坐面下沉量以80～120mm为宜；背部下沉量为30～45mm，腰部下沉量以35mm为宜。理想的坐垫应使就座者体重分布合理，大腿近似呈水平状态，两足自然着地，上臂不负担身体的重量，肌肉放松，这样操作时躯干稳定性好，变换坐姿方便，给人以舒适感。

2.2.2　卧具家具尺寸设计

人体需要依靠睡眠来消除一天的疲劳以恢复体力和精力。床的好坏在一定程度上决定了睡眠的质量。而从时间上看，床也是人体接触时间最长的家具，因此对于床的设计必须充分考虑到床与人体生理机能的关系。

1. 床与人体生理机能的关系

人的一生大约有1/3的时间在睡眠，而睡眠质量又在很大程度上决定了次日的工作效率，因而与睡眠直接相关的卧具设计则显得尤为重要。人在直立时脊椎呈S形，如图2-10左图所示。当睡眠时，脊椎最好是呈直线状态，这样得到的休息效果最佳，如图2-10右图所示。这就对床垫的软硬度和枕头的曲面设计提出了很高的要求。此外，人在睡眠时并不是一直处于一种静止状态，而是经常辗转反侧，因此睡眠质量还与床的大小尺寸有很大关系。

（1）床垫的软硬程度

床垫必须足够柔软性且保持有一定的整体刚性，从而更加容易使得睡眠者的脊椎呈直线型，如图2-10所示。从这个角度看，侧卧睡眠无疑比仰卧睡眠要更好，也更容易让脊椎呈直线。如果床垫比较硬，与身体的接触面积小，压力分布不均匀，集中在几个小区域，造成局部血液循环不好，肌肉受力不适等，也使人不舒服。

图2-10　脊椎直线状态

（2）枕头的设计

枕头是否舒适也是影响睡眠质量的一个重要因素，原理上和床垫是一样的，最终目标也是使得脊椎呈直线，如图2-11所示。从目前市场上销售的枕头看，原来的直线型枕头已经很少了，大多采用了更加符合人机工程学的曲线形枕头。实

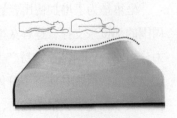

图2-11　枕头的设计

际上床垫配合枕头才能真正做到睡眠质量的提升，其设计的核心目的就是让人体的脊椎在侧卧或仰卧时尽量呈最为放松的直线型，如图 2-12 所示。

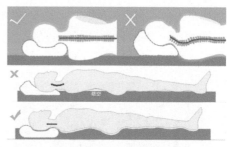

图 2-12　枕头与床垫配合

（3）床的尺寸

① 床的宽度

床的宽度和人体的肩宽是直接对应的，如果只考虑肩宽因素，那么人在入睡时对于床宽只需要 500mm 左右。可是实际上，由于人在熟睡后大多会频繁地翻身，通过脑波观测睡眠深度与床宽的关系发现，床宽的最小界限应是 700mm，如果小于这一宽度，深度睡眠时间会明显减少，很难使人进入熟睡状态。基于上述原因，床的合理宽度应为人体仰卧时肩宽的 2.5 ～ 3 倍，即床宽计算公式如下。

$$B=(2.5\sim3)W$$

式中：W——成年男子平均最大肩宽（我国成年男子的平均最大肩宽为431mm）。

国家标准 GB/T 3328—1997《家具　床类主要尺寸》规定如下。

单人床的宽度一般为 720mm、800mm、900mm、1000mm、1100mm、1200mm。

双人床的宽度为 1350mm、1500mm、1800mm。

而实际上，随着人们生活水平的提高，家居空间逐渐增大，在条件许可的情况下，大多数人都会选择更宽一些的床。现在市场上双人床宽度的主流早已经成为 1800mm 和 1500mm，1350mm 宽度的床已经非常少见了。

② 床的长度

在长度上，考虑到人在躺下时肢体的伸展，所以在实际床的长度应比人在站立时的尺寸要长一点，再加上头顶（如放枕头的地方）和脚下（脚端折被的余量）要留出部分空间，以及床靠背的宽度，所以床的长度比人体的最大高度要长一些。床长计算公式如下。

$$L=1.05h+\alpha+\beta+\gamma$$

式中：L——床长；

α——为头部余量，常取 10cm；

β——脚后余量，常取 5cm；

γ——床靠背宽度，常取 10 ～ 20cm；

h——平均身高（1.05 为增大系数）。

考虑到兼容性的问题，床的平均长度应以较高的人体作为标准进行设计。我国国家标准 GB/T 3328—1997《家具　床类主要尺寸》规定：床的长度有 1900mm、1950mm、2000mm 和 2100mm 这 4 种。从市场主流床的长度来看，2000mm 或 2100mm 的长度是最为常见的。

③ 床的高度

床高指床面距地面的垂直高度，以膝盖为参照物，通常以略高于使用者的膝盖为宜，所以通常床高为 400 ~ 500mm，多为 420mm。我们可以发现，床高和椅子座高非常接近，这也是为了使得床同时兼具坐、卧功能。在具体应用上，床高可以根据不同的情况做一些调整。

除了常规的矩形床，市场还有上下床（双层床）和圆床等种类，如图 2-13 和图 2-14 所示。

图 2-13　双层床　　　　　　　　　　　　图 2-14　圆床

双层床的层间净高必须保证下铺使用者在就寝和起床时有足够的动作空间，但又不能过高，过高会造成上层空间的不足。因此，按我国国家标准 GB/T 3328—1997《家具　床类主要尺寸》的规定：下床铺面离地面高度不大于 440mm，层间净高不小于 980mm。此外，双层床中还有一种设计是底层为工作空间，上层为休息空间，这样的设计非常适合用于学生宿舍中。

圆床也是市场上的一种流行款式，圆床在造型上显得更为灵动，家居卧室使用更显大气美观。但是圆床更适用于大空间中，因为圆形考虑到使用功能，其直径通常要做到 2200mm 以上，这对于空间的占用非常多，而且其圆弧边角的空间也非常不好利用，所以只有那些空间够大的居室才推荐使用圆床。

2. 床屏

床屏即床靠背，是最具有视觉效果表现的部件，床的造型以及风格的确定在很大程度上要取决于床靠背的设计，如图 2-15 所示。这很容易理解，床垫几乎没有造型上的变化，床单只能在花纹上做一些文章，真正能够体现风格和样式的最重点的部位无疑就是床靠背。

图 2-15　各种风格床靠背设计

很多时候，人们会靠在床屏上看书、看电视，这就要求在人体工程学上，床屏设计要考虑到对人体的舒适支撑。首要考虑的是腰部，腰部是第一支撑点，腰部到臀部的距离为 230 ~ 250mm。第二支撑点是背部，背部到臀部的距离为 500 ~ 600mm。第三支撑点是头部，但是通常头部可以倚靠在墙面上，在头部支撑上可以设计，也可以不设计。根据上述原因可以得出床屏的高度为：420mm（床铺的一般高度）+（500 ~ 600mm 的背部支撑）=

920 ～ 1020mm。

在人体工程学上，当倾角达到 110° 时，人体倚靠是最舒适的。因此，在床屏的设计上可以考虑采用弧形设计，这样更利于舒适性的把握。通常床屏的弧线倾角设置为90° ～ 120°，以符合人体工程学对背部舒适度的要求。

2.2.3 桌、几、案类家具尺寸设计

桌、几、案类家具可以归为凭倚类家具，主要是指起着辅助人体工作、活动并兼作放置和储存物品之用的桌、几、案等家具。凭倚类家具主要分为两类：一类为站姿时使用的凭倚类家具，这类家具以人站立时的脚后跟作为尺寸的基准；另一类为坐姿时使用的凭倚类家具，这类家具的尺寸以人在坐下时坐骨处作为尺寸的基准。

对于设计凭倚类家具，还必须考虑到一个工作面高度的问题。工作面是指人在工作时手的活动面。如果工作面过高，人不得不抬肩作业，如果超过肩部松弛位置，可引起肩、胛、颈部等部位肌肉酸痛。如果工作面太低，迫使人弯腰弯背，容易引起腰痛。例如电脑桌的高度设计不仅只是电脑桌面的高度，还应该加上键盘等设备的高度。尤其是一些特殊性的操作台，可能所要操作的设备比较高，其工作面高度要大大高于桌面，这种设计尤其要重点考虑工作面的问题。

工作面高度的合理性设计应是：臂部自然下垂，处于合适的放松状态，前臂一般应接近水平状态或略下斜，避免产生疲劳，以提高工作效率；若在同一工作面内需要完成不同高度水平的作业，则可将桌面设计为可调节型。

1. 坐式凭倚类家具的尺寸设计

（1）高度

过高的桌子容易造成脊柱的侧弯和眼睛的近视，还会引起耸肩，以及手臂侧面弯曲过大等不正确姿势，从而引起肌肉紧张，产生疲劳，降低工作效率；而桌子过低也会使人体脊椎弯曲扩大，造成驼背、腹部受压，背肌的紧张收缩，也容易引起疲劳。因此正确的桌高应该与椅座高保持一定的尺寸配合关系。

设计桌高的合理方法是应确定椅座高，然后再加上桌面与椅面的高度差（通常为坐姿时上身高度1/3），计算公式如下。

$$桌高 = 座高 + 桌椅高差（坐姿态时上身高的1/3）$$

根据人体不同使用情况，椅座面与桌面的高差值可有适当的变化。比如在桌面上书写时，高差为1/3坐姿上身高减去 20 ～ 30mm，学校中的课桌与椅面的高差为 1/3 坐姿上身高减去 10mm。

因为人体的差异性，桌椅面的高差会有较大的偏差，欧美人种就比我国的高差多出近10mm。另外男女的区别对于桌椅高差也会有一定影响。但是，大致上桌椅高差为300mm。根据前面关于座高的讲解，我们知道座高应为 400 ～ 440mm，这样我们可以得出桌面高

度在 700 ~ 740mm。而实际上，根据国家标准 GB 3326—1982 的规定：桌面高度为 H = 700 ~ 760mm，级差 20mm。即桌面高可分别为 700mm、720mm、740mm 和 760mm 等规格。

在实际的设计中，可以根据人群或使用功能进行适当增减。比如为欧美人设计，那就将桌面高度设计略微高一些；再比如设计中餐用桌时，考虑到中餐进餐的方式，餐桌可略高一点；若设计西餐桌，同样考虑西餐的进餐方式，为方便使用刀叉，可以将餐桌高度略降低一些。

（2）桌面尺寸

桌面尺寸主要有宽度和深度两种，按照国家标准 GB 3226—1982 的规定：双柜写字台宽为 1200 ~ 1400mm，深为 600 ~ 750mm；单柜写字台宽为 900 ~ 1200mm，深为 510 ~ 600mm；宽度级差为 100mm；深度级差为 50mm；一般批量生产的单件产品均按标准选定尺寸。但是实际上，很多老板桌和大班台是远远超过了限定的尺寸的，甚至可以达到 3m 以上的宽度，这主要是为了与环境空间相协调，将尺寸做大，目的是更显气势，如图 2-16 所示。目前很多厂家也提供了个性定制服务，具体的尺寸甚至可以做到因人、因空间而异，这个就要具体问题具体分析了。

图 2-16　大班台

餐桌与会议桌的尺寸设计多是以人均所占宽度计算的，一般人均占桌周边长为 550 ~ 580mm，较舒适的长度为 600 ~ 750mm。比如可以坐 20 个人会议桌，每一侧坐 10 个人，取人均宽度为 600mm，那么会议桌的宽度即为 6m。

（3）桌面下的净空尺寸

桌面下的净空尺寸对应的是双腿的高度和深度，要保证桌面下的净空高度应高于双腿交叉叠起后的膝高，并使膝上部留有一定的活动余地；对于深度则必须保证当上身贴近桌面时，双腿能够舒适活动。按照国家标准 GB 3326—1982 的规定，桌子空间净高应大于 580mm，净宽应大于 520mm。

如果桌子有抽屉，那么为方便使用，抽屉不能做得太厚，要保证桌子抽屉下沿距椅坐面至少应有 172 ~ 150mm 的净空。

2. 立式凭倚类家具的尺寸设计

立式凭倚类家具主要指站立使用的各种工作台，包括售货柜台、营业柜台、讲台、服务台及各种工作台等。立式凭倚类家具高度是根据人体站立姿势的手臂自然垂下的肘高来确定的。通常站立用台桌高度以 910 ~ 965mm 为宜。若需要在工作时有一定工作力度的操作台，其桌面可以稍降低 20 ~ 50mm，甚至更低一些。

立式用桌的桌面尺寸包括宽度和深度，其尺寸没有统一的规定，根据不同的使用功能和要求进行专门的尺寸设计即可。通常，立式用桌的桌台会设计为储物空间或者穿电线、音频线所用，具体要依需求而定。

2.2.4 收纳类家具尺寸设计

收纳类家具是收藏、整理日常生活中的器物、衣物和书籍等物品的家具。根据有无柜门可以分为柜类和架类两种。柜类主要有衣柜、壁柜、储物柜、书柜、床头柜、陈列柜和酒柜等；架类主要有书架、食品架、陈列架和衣帽架等。两者在设计上的方式与方法大致相同，只是柜类相对更加复杂一些。以下将重点介绍柜类家具。

以往的收纳类家具多做成四方格的形式，随着家具人性化设计的兴起，很多家具都按照功能进行了多样性划分。以衣柜为例，在衣柜的内部空间中，甚至可以细分到棉被、内衣、衬衫、袜子和领带等不同功能的存放区，如图 2-17 所示。

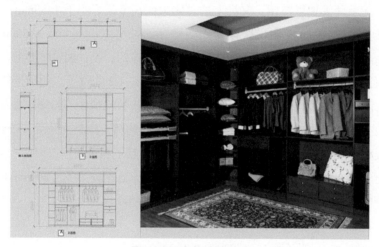

图 2-17 衣柜功能分区

对于物品的收藏功能区的确定可以根据使用频率来划分。常用的物品放在容易拿取的范围内，非常用物品则可以放到顶部或者不易拿取的区域。设计前要了解收藏物品的基本尺寸和使用频率，力求做到充分利用收藏空间，使收藏有序。以衣柜为例，换季用的被子可能一年只会拿取一两次，对于这种物品的空间划分可以放在整体衣柜的顶部，拿取时可以踩凳子去拿。而日常常用的衬衫、内衣和袜子等则必须设计在最容易拿取的区域内。总之，功能划分的人性化是我们设计收纳性家具的一个标准。

1. 衣柜尺寸设计

室内设计美观性是业主的一个重要考虑指标，但是很多时候业主往往往会主动提出在设计时多做一些收纳空间。这个就是对于日常生活便利性和条理性的一个要求，毕竟人们只有在满足了功能需要的时候才会把目光投向美观。即使装修再美观，如果没有合适或者足够的储物空间，其美观性也会大受影响，而衣柜就是日常生活中最为常用也是最为重要的一个收纳家具。

衣柜设计首先应根据不同衣物合理划分存放区域和存放方式。在衣柜内最方便存取的地方存放最常用的衣物，在衣柜上层或底部存放换季的棉被及衣物。大衣、风衣和西装等上衣要挂放，以免折皱，这就需要设计专门的挂放空间。内衣要经常使用，可以设计一个方便拿取的空间专门存放。袜子也是经常使用的，但是考虑到美观性，可以做一个小抽屉分格子存放。这些功能上的需求，需要设计师依据日常使用习惯进行人性化划分。

此外，衣柜设计中还需要重点考虑功能尺寸的问题。

1）在设计中要考虑到使用的方便性，在650mm以下，一般设计为放小件的物品，在650～1850mm这个尺度设计为放季节性的常用衣服，在1850mm以上就设计为不常用的物品及换季的衣服。如果做"顶天立地"的衣柜，一般下柜做到2100mm，太高则不方便拿取，所有常用性的物品存放区域全部划分到下柜内。其余2100mm以上的空间全归上柜，专门用于存放一些不常用和非本季节的物品。

2）考虑随手开关抽屉方便。家具上抽屉的顶面高度最好小于1250mm，特别是老年人的家具更要在1000mm左右，这样使用更顺手。抽屉宽度在400～800mm，高度在150～200mm较为合适。目前大多数衣柜柜门多为推拉门，设计抽屉时要考虑抽屉是否会被推拉门挡住。如果推拉门是双门的，抽屉不能设计在1/2的位置。如果是三门的话，抽屉就不能设计在1/3和2/3的位置，不然抽屉会刚好被推拉门顶住一部分，这点要切记。

3）裤架空间应保留有650mm。如果是使用衣架挂的话，应至少保留700mm。

4）层板和层板间距在400～600mm，太小或太大都不利于放置衣物。

5）衣柜深度在550～650mm较为适宜，目前市场上衣柜进深多为600mm的标准尺寸。

6）对于放短衣和套装的空间最低要有800mm的高度。

7）长大衣要有不低于1300mm的高度。

8）如果做推拉门，要预留75～80mm的滑轨的位置。

9）柜内如果要放置更衣镜，高度应控制在1000～1400mm。

2. 橱柜尺寸设计

对于橱柜的制作，目前有现场制作和在工厂定制后现场安装两种方式。一般来说，现场制作多采用砖砌和大理石、花岗石拼接的方式，实用性不错，但是美观性是无法和工厂定制相媲美的。工厂定制做工标准统一，现在各个厂家也都提供根据客户尺寸定做的服务。就目前看，在工厂定制后现场安装已经成为了橱柜制作的主流选择。

橱柜设计主要需要满足三大块的功能需求：简单来说一个是清洗区，比如洗菜、洗碗等；一个是操作区，比如切菜、备餐等；还有一个是烹饪区，用于放置灶台并炒菜。一般的厨房工作流程会在洗涤后进行加工，然后烹饪，所以最好将水池、操作区和灶台设计在同一流程线上，这样操作者在烹饪中能避免不必要的转身，也不用走很多路。水池与灶台之间需要保持760mm的距离，能有1000mm更好。在设计时，如果三个功能区不能在一条直线上，那么最好将这三个功能区呈三角分布形态，操作者处于中间，这样无论需要使用哪个功能区都非常方便。这也是很多橱柜设计为L型的原因。

　　橱柜设计一般是由橱柜和吊柜构成，橱柜贴墙设计，吊柜通常会与橱柜对应，所有管道均被巧妙地暗藏于吊顶及橱柜内部，整体效果非常整齐、大气，甚至可以形成不同的设计风格，这是现场制作无法实现的，如图 2-18 所示。

图 2-18　不同风格的橱柜

　　随着人们生活水平的提高，厨房用具越来越多，常规的有燃气灶、消毒柜、微波炉和电饭煲等。甚至还有很多以前闻所未闻的设备也开始进入厨房，如饼干机、烤箱、榨汁机、冰激凌机等。这些新增的用具让橱柜设计愈发复杂，在橱柜的内部空间设计中还必须充分考虑各种用具的尺寸。从目前看，橱柜设计也越来越注重运用人体工程学的原理，在内部空间划分上，应根据器物的大小，合理划分功能分区，做到整齐统一，存取自如，如图 2-19 所示。

图 2-19　橱柜内部空间划分

橱柜尺寸主要包括橱柜的高度、宽度和深度。

（1）深度

　　对于深度主要应考虑人体手臂操作的活动范围。人的手臂伸直后肩到手指的平均距离，女性平均为 65cm，男性平均为 74cm，而实际上在距离身体 53cm 的范围内拿取物品较为轻松。考虑到应留有一定的余量，厨房操作台面的深度一般在 600mm 左右比较合适。进深的设计还需要考虑到抽油烟机的尺寸，抽油烟机的宽度大多在 500 ～ 560mm。如果橱柜进深不足 600mm，则必须购买一个小一些的抽油烟机，以免安装时为难。顾及抽油烟效果，抽油烟机与灶的距离通常设置以 600 ～ 800mm 的距离为宜。此外在橱柜设计时，如有可能最好将抽油烟机的位置设计在远离门窗这些通风强的地方，以免影响抽油烟机的功效。

　　吊柜的进深通常为 330 ～ 350mm，最宽也不应超出橱柜台面前沿，以避免有碰头的危险。为了更加利于操作，地面至吊柜底面间净空距离以保持在 1500mm 为宜。

（2）高度

如果橱柜台面太低，人在切菜或备餐时就必须弯腰，很容易产生疲劳。但是如果提起胳膊去操作，也很容易造成手臂酸痛。实际上，人在切菜时上臂与前臂应呈一定夹角，这样可以最大限度地调动身体力量，双手也可相互配合地工作，这时测算出来的橱柜台面高度应该在 800 ～ 900mm，其中以 820 ～ 850mm 的高度为最佳。

此外，吊柜的高度以人向上伸直手臂的尺寸为准。根据我国国情，大多数家庭都是女性做饭，女性的伸直手臂手指高度大约为 2200mm，这决定了吊柜的高度应在 2200mm 左右。考虑到取物的方便性，一般距地面 1300 ～ 1500mm 为储存空间，手平举或稍举于肩上可以任意取物，这个尺寸范围是吊柜中常用物品的最佳设计高度。即使做到顶的吊柜，吊柜内常用物品的最高位置的搁板也不得超过 1800mm，否则对于普通身高的女性来说无法站在地面上取物。

另外，如果考虑到城市中大多为年轻人上班，老人料理家务，而考虑到老年人的身体需要，因此常用的厨房吊柜高度不宜超过 1800mm。

（3）宽度

对于宽度没有一定的数值要求，主要依据厨房空间大小和功能需求来进行确定。

3. 书柜尺寸设计

目前书柜多用板材制作，如密度板、大芯板等。书架与书柜功能一样，造型也大同小异，唯一区别就是书柜有门，而书架没有，如图 2-20 所示。

图 2-20　书柜与书架的区别

书柜受力最多的部位就是书柜中的搁板，很多设计是为了美观，所以在设计时可以将搁板拉长。要知道板材抗压性能都比较差，书籍一多，时间一长，搁板就开始下拉变形。在书柜设计中，首先必须考虑搁板的受压力。搁板长度最好不要超过 1m。

书柜搁板层间高通常按书本上限再留 20 ～ 30mm 的空隙，以便取书和通风。目前发行的图书尺寸规格一般为 16 开本或 32 开本，因此书柜的层间高通常分为两种，即 230mm 和 310mm。我国国家标准规定搁板的层间高度不应小于 230mm，如果小于这个尺寸就放不进去 32 开本的普通图书。考虑有时会摆放一些开本更大的杂志、影集等物品，可以在 230mm 和 310mm 的尺寸外，再设置几个 350mm 的层间高，这样能兼顾到不同图书的存放，较为合理。

在高度上，书柜的最大高度为 2200mm，深度多为 300 ～ 400mm。

第3章
家具制作常用材料

3.1　家具制作常用材料的种类介绍

　　"木，具温润，匀质地，声舒畅，并刚柔，自约束。"古人简练地概括了木材的特征，木头的特性还被当作儒家传统中对君子品行的要求，中国人对于木的喜爱由此可见一斑。中国的建筑史与家具史几乎是一部木文化的历史。作为最容易获得、最容易加工、与人性最为贴近的自然材料，木材从古至今就是中国人构建诗意栖息家园的不二选择，可以说中国人的实木情结是与生俱来的。

　　自隋唐以来，随着垂足而坐逐渐普及，人们的坐姿重心提高，室内家具得以长足发展。在明朝嘉靖年间以前，中国的古典家具大多是漆木家具，其胎骨主要是楠木和杉木，没有细木家具，也就是今天所谓的硬木家具和红木家具。到了明朝万历年间，随着海外硬木的流入，硬木家具开始在江南富豪与文人间流行，并最终成就了中国家具历史的最高峰。

　　从最原始的就地取材，到简单的手工艺制作，家具材料发展至今，各种高技术、新工艺的应用，使得家具的材料可以进行分子设计甚至是生物降解，一切材料的运用都成为了可能。制作家具的材料包罗万象，目前主要常用的材料种类有：天然木材、人造板材、竹、藤、皮革、布料、海绵、塑橡、五金、玻璃、涂料、编材等。

3.1.1　天然木材

　　相较于其他材料，天然木材具有得天独厚的优势：从外观上看，木材具有漂亮的纹理和细腻的质感；从属性上看，木材易于进行再加工，且容易油漆着色。因此长期以来木材在家具制作材料中占据主导地位。

　　随着现代科技的发展，天然木材开始以另一种身份与包括金属、皮革、海绵、橡胶和板材等在内的材料融合在一起，成为家具制造和家居装饰的主体之一。因此，对其生长特性、材质特征等进行了解就显得十分有必要。

　　按树种进行分类，木材一般分为阔叶树材和针叶树材。根据两种树材大致的生长区域，阔叶树材主要生长在南方，包括水曲柳、柞木、香樟、桦木、杨木、楠木等；针叶树材则聚集在北方，包括杉木、松木、云杉和冷杉等。质地坚硬、纹理美观是阔叶树材的特点；树干高大、纹理通直是针叶树材的特点，简单理解就是针叶类树木木质较为松软，但是树干较直，而阔叶类树木木质较硬，但是树干不如针叶直，如图3-1和图3-2所示。目前，我国有近800种商品树材可供选购。

图3-1 阔叶林

图3-2 针叶林

树皮、形成层、木质部和髓心组成了木材的树干。从树干横截面的木质部上可以看到环绕髓心的年轮。每个年轮一般由两部分组成：色浅的部分称为早材，在季节早期所生长，细胞较大，材质较疏；色深的部分称为晚材，在季节晚期所生长，细胞较小，材质较密。在树干中部的木材，颜色较深，称为芯材；在边部的，颜色较浅，称为边材，如图3-3所示。

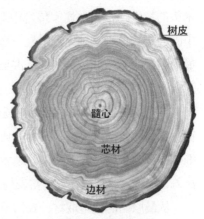
图3-3 木材组成

1. 木材的等级

按照我国的国家标准，根据木材的缺陷情况以及当前储存量的多寡对各种商品木材进行了等级划分，通常分为一、二、三、四等。结构、装饰用木材以及高档家具一般选用等级较高的木材，等级较低的木材通常用于辅助或者低档家具制作。承重结构用的木材又根据我国国家标准GBJ5—1988《木结构设计规范》的规定，按照承重结构的受力要求，分为了Ⅰ、Ⅱ、Ⅲ三级。在设计家具时应根据构件的受力种类选用适当等级的木材，不同木材的受力特点用于不同的家具部位。

2. 木材的物理性质

木材的主要物理性质是密度，密度越高则木材结构细致紧密，比如紫檀木密度极高，入水即沉。木材是多孔性物质，其密度是木材性质的一项重要指标。可根据它估计木材的实际重量，推断木材的工艺性质和木材的干缩、膨胀、硬度和强度等木材物理力学性质。

3. 木材的力学性质

木材有很好的力学性质，木材的力学性质受到木纹方向的影响。顺纹方向与横纹方向的力学性质有很大差别。木材的顺纹抗拉和抗压强度均较高，但横纹抗拉和抗压强度较低。

4. 木材的含水率

木材的含水率是指木材中水重占烘干木材重的百分比。木材中的水分由两部分组成，一部分存在于木材细胞壁内，称为吸附水；另一部分存在于细胞腔和细胞间隙之间，称为自由水。含水率越高则变形概率也相应越高，比如实木地板质量检验的一项重要标准就是含水率，通常是 10% 左右。

5. 木材的胀缩性

干木材在吸收水分后体积发生膨胀；湿木材丧失水分则表现为收缩。两者都会造成木材整体尺寸乃至体积上的变化。在设计家具时应将此类因素考虑其中，特别是用于不同空间的家具，如厨房和浴室家具等。

6. 木材的缺陷

由于气候、地理、土质等环境因素的影响，每一种木材都有不同的生命特征，即使是同一种木材，因在不同的地方生长，也存在一定的特征差异。甚至在同一个地方，向阴还是向阳，受风还是不受风都会影响到木材的特质。不可能出现完美形态的木材，或多或少都会存在一些缺陷。

木材的缺陷也称瑕疵，可分为 5 类。

1）天然缺陷：因生长应力或自然损伤而形成的缺陷。

2）生物导致的缺陷：因腐朽、变色和虫蛀而形成的缺陷。

3）地理环境造成的缺陷：木材因是自然生长，其材质特征通常受到气候和土质等环境的影响。

4）干燥及机械加工引起的缺陷：如干裂、翘曲和锯口伤等。

5）木材易燃性较高：在一定的干燥程度上，木材容易着火燃烧。

7. 木材的加工处理

木材可以直接使用，除此之外它更多地被加工成板材或其他制品使用，比如加工成胶合板、碎木板、纤维板等。通常，木材需要经自然干燥或人工干燥。自然干燥是将木材堆垛进行气干，人工干燥则主要用干燥窑法，也可用简易的烘、烤等方法。

3.1.2 红木种类、特性及真假红木甄别

随着拍卖师一槌定音，一对清朝乾隆年间的黄花梨龙纹大四件柜，以 3976 万元人民币的拍卖价创出了黄花梨拍卖纪录。就在收藏界响起一阵惊叹声时，次日一张明朝的黄花梨簇云纹马蹄腿六柱式架子床，被买家以 4312 万元人民币的价格拍走，刷新了黄花梨家具拍卖的新纪录⋯⋯这是中国嘉德 2010 年秋季拍卖会上的一幕。红木在我国被视为财富的象征，由此可窥一斑。

"黄金有价，红木无价。"红木一直以来都被当成是有收藏价值的商品。虽然时有游资炒作，让红木的价格不断上演"过山车"式的起起落落。但无论行情如何低迷，红木的价值都远在一般硬木之上，在任何时候都称得上"名贵"。究其原因是：木以稀为贵！业内人士认为，稀缺是红木名贵的最直接原因，市场需求旺盛，而原料供应吃紧。

红木基本属于稀缺资源，大多数红木的生长周期极其漫长，民间素有"千年紫檀，百

年酸枝。"之说,其成材往往需要数百乃至上千年。比如,紫檀的生长期在300年以上,即使一株紫檀历经数百年好不容易成材,也有可能面临着"十檀九空",生成后的树木多为空心,能用的只有空洞和表皮间的地方,使用率大约只有15%～20%,故有"寸檀寸金"之说;被叫作"老红木"的红酸枝木质坚硬、细腻,可沉于水,一般要生长500年以上才能使用,而且砍伐后需要经上10年以上的自然风干,才能保证优良的材质。因为红木的生命不会因被砍倒而结束,它的内部细微结构仍时时刻刻处于变化之中,随着时光推移,红木内部的结构更加紧密细致,硬度和比重越来越高,抗变形能力因此得到有效增强。

1. 红木的历史渊源

据史料查证,郑和七次下西洋,途经越南、印度尼西亚的爪哇和苏门答腊、斯里兰卡、印度以及非洲东海岸,他每次回国都带回红木做压船舱之用。正是郑和从盛产高级木材的南洋诸国运回了大量的花梨和紫檀等家具原料,促进了明朝中期以后直至整个清朝红木家具的发展,也正是这些名贵红木将中国古代家具数千年的历史推向顶峰。

红木和红木家具从明清至今,可谓热度一直未减。不过,在明清时期的家具用语中,并无红木概念,红木概念最早出现在民国初期的文献资料中,最初是清朝以后流行在木匠行业里的行话。即使是民国时期,一开始也只有海派家具将硬木家具统称为红木家具,同时期红木家具产量最高的广东沿海地区并没有红木家具的概念,直到20世纪60年代,仍是将酸枝造的家具叫作酸枝家具,将花梨造的家具叫作花梨家具。到"文化大革命"时期,造反派认为红色代表革命,既然家具颜色是红的,就必称为红木家具——红木家具自此才开始在广东沿海一带传播开来,后来被广泛运用,至今成为一种普通称谓。

"红木"作为木种材料的代名词,它有狭义和广义之分。在2000年之前,红木主要是指红酸枝这一种材料。彼时,人们习惯性地认为红木就是红酸枝。2000年8月1日,在我国国家质量技术监督局颁布实施《红木》国家标准之后,这种认知习惯被打破。标准中列举了包括紫檀木、黄花梨木、酸枝木、花梨木和乌木等在内的33种木材,统称为"红木"。人们习惯上称之为"5属8类33种材"。

2. 国标红木的定义

根据国家标准GB/T 18107—2000,"红木"的范围确定为5属8类,共有33个主要品种。

5属是以树木学的属来命名的,即紫檀属、黄檀属、柿属、崖豆属和铁刀木属。

8类则是以木材的商品名来命名的,即紫檀木类、花梨木类、香枝木类、黑酸枝类、红酸枝木类、乌木类、条纹乌木类和鸡翅木类。

33个树种分别为:檀香紫檀、越柬紫檀、安达曼紫檀、刺猬紫檀、印度紫檀、大果紫檀、囊状紫檀、鸟足紫檀、降香黄檀、刀状黑黄檀、黑黄檀、阔叶黄檀、卢氏黑黄檀、东非黑黄檀、巴西黑黄檀、亚马孙黄檀、伯利兹黄檀、巴里黄檀、赛州黄檀、交趾黄檀、绒毛黄檀、中美洲黄檀、奥氏黄檀、微凹黄檀、非洲崖豆木、白花崖豆木、铁刀木、乌木、厚瓣乌木、毛药乌木、蓬塞乌木、苏拉威西乌木和菲律宾乌木。

除上述之外的木材制作的家具都不能称为红木家具。不过，随着我国《红木》新国家标准即将出台，在已执行了十几年的《红木》国家标准之后或许会对红木重新进行定义。

3. 市场常见的红木木材

"存金不如存木，炒股不如炒木。"在越来越多的人还在纠结到底是炒房还是炒股的时候，另外一些人已经找到了一个更能攫取暴利的投机对象——红木。有人用养老钱囤家具，有人用买房子的钱囤原木……个体的疯狂凑成整个行业的疯狂。但事实是，中国国内已基本没有红木原生树，对珍贵木材的无休止欲望几乎完全依赖进口。红木市场如此这般动荡始于 2005 年。那一年的年初，国内红木家具的价格开始被快速拉升，各种关于红木稀缺性、极具收藏价值的说法充斥市场，从 2005 ~ 2007 年，红木价格在短短两年内上涨近 10 倍。2007 年 10 月，在中国—东盟博览会上展出的一套老挝红酸枝家具，标价高达 8000 万元人民币，而 2003 年之前，一套顶级红木家具不过百万。2008 年遭遇金融危机，红木价格一度狂降，很多人的货积压在手上，急于周转资金之下纷纷低价甩货。自 2010 年起又开始回升，这一年，中国经营红木家具的公司数目增加了 40%，直到 2013 年又达到一个巅峰。

中国的《红木》国家标准列出 33 个树种，其中 21 种产于亚洲（主要在湄公河地区），7 种产于南美洲，5 种产于非洲。随着需求的增加，红木的供应来源已扩大至非洲和中美洲，流入进来的还有南美洲、巴西、玻利维亚、津巴布韦、莫桑比克和马达加斯加等国家和地区的红木。但是中国仍严重依赖东南亚的红木木材来源，2000 ~ 2013 年，中国总计进口了 350 万立方米红木木材，其中近一半红木，有 166.6471 万立方米，价值近 30 亿美元——来自湄公河地区。2014 年上半年，中国共进口红木 120.93 万立方米，湄公河地区占进口总量的 66%。森林虽属可再生资源，但生长在热带雨林的红木树种，生长周期非常漫长。珍贵的红木树种一旦被砍伐，便不可恢复。联合国早已明令保护包括红木在内的热带雨林植物，禁止乱砍滥伐。在英国，法律甚至禁止使用红木做家具。

中国红木发展"黄金十年"也是"野蛮十年""毁灭十年"，大自然用数百年甚至数千年积蓄的森林，在这短短 10 年里，遭到疯狂劫掠，蓬勃发展的红木行业几乎全部依赖进口原料。在 2003 ~ 2013 年中国红木家具发展的"黄金十年"，中国市场愈演愈烈的"红木热潮"，对红木资源的畸形需求导致了全世界范围内对红木毁灭性的盗伐。面对越来越少的货源，中国商人支付越来越高的价格，购买越来越多的原料，并在原有地区的资源枯竭后探索新的地区。寻找并砍伐红木的脚步已从普通山区深入到各个严格受到保护的地区。按照现在的砍伐速度，红木不仅会在交易市场绝迹，也会在森林里绝迹。

人工种植红木树种生长速度虽比原生林快，但成材时间依然需要几十年甚至上百年。有文献记载：从 1930 ~ 2005 年的 75 年间，一棵原生小叶紫檀的直径大了 6cm 多一点，包含白皮和芯材的共同扩张。由此推算原生小叶紫檀的芯材要长到 20cm 的直径，至少需要 300 ~ 500 年。根据印度森林部门的记载，50 年的小叶紫檀人工林，其芯材仅 10cm 左右粗；80 年的约为 20cm 粗。

（1）降香黄檀

降香黄檀俗称海南黄花梨，其木材木质坚硬，纹理漂亮，是制作古典硬木家具的上乘材料，如图3-4所示。花梨木类芯材主要为红褐、浅红褐至紫红褐色；木材结构细；质粗而纹直；重或甚重，大多数浮于水；波痕可见或不明显；有香气或很微弱；木材刨花的水浸出液有荧光现象，显著可见，少数不见。花梨木与酸枝木构成相近，目前市场上的红木家具以花梨木居多。主要产地为东南亚及南美、非洲；在我国海南、云南及两广地域已有引种栽培。

降香黄檀极难成材，真正成材需要成百乃至上千年的生长期，早在明末清初，海南黄花梨就濒临灭绝。目前，主要原产中国海南的降香黄檀原生树已在中国绝迹，因此商业意义上灭绝。降香黄檀因地理分布的特点及特有的生长环境对其芯材的颜色、纹理、花纹、光泽、油性的影响十分明显。海南岛西部的颜色较深、比重大而油性强的芯材价格略高于岛东部的色较浅、油性稍差的芯材，而东部地区的降香黄檀由于明清时期过度采伐也已近绝迹。这就大大提升了海南黄花梨的收藏价值，曾一度炒至天价，甚至以克计价。

（2）檀香紫檀

檀香紫檀俗称小叶檀，大部分产于印度、泰国、马来西亚和越南等国家和地区。小叶紫檀木纹不明显，色泽初为橘红色，久则深紫色如漆，脉管纹极细，呈绞丝状如牛毛。檀香紫檀的木材材质特别坚硬，气干密度很大，入水就沉。檀香紫檀纹理略斜、结构细密、雕刻容易、油漆性能良好。在市场上，常言道"十檀九空"，最大的紫檀木直径仅为20cm左右，其珍贵程度可想而知。如图3-5所示。

小叶紫檀在明朝为皇家所重视，开始大规模采伐。到明末，南洋各地的优质紫檀就已经基本采伐殆尽，这些珍贵木材制成的家具从而成为皇族贵胄显示富贵的标志。据史料记载，清朝也曾派人到南洋寻找紫檀木材，但大多粗不盈握，曲节不直，根本无法使用。之后，其地位更被抬高，成为皇家专用。

（3）交趾黄檀

交趾黄檀俗称大红酸枝、柬埔寨红酸枝、泰国红酸枝、老挝红酸枝、柬埔寨檀。主产于泰国、越南和柬埔寨。交趾黄檀光泽性强，强度高，硬度大，耐腐蚀性强，抗虫性强。其纹理通直，结构均匀。其加工性能良好，刨面光洁，主要用于高级家具、装饰单板、工艺雕刻、乐器等。如图3-6所示。

图3-4 降香黄檀　　　　图3-5 檀香紫檀　　　　图3-6 交趾黄檀

交趾黄檀在柬埔寨、老挝、泰国和越南曾经是分布广阔的树种。由于国内旺盛的需求，如今大红酸枝已被世界自然保护联盟濒危物种红色名录（IUCN Red List）列为濒危物种。2011 年的一项统计称，在泰国仅存约 10 万棵大红酸枝树。2012 年的一项湿地调查证实，在老挝境内没有发现成熟的大红酸枝原生树。在柬埔寨，除了一些受严格保护的地区外，原生的大红酸枝树如今被视为稀有物种。2014 年，越南宣称在其境内已找不到大红酸枝树。

（4）卢氏黑黄檀

卢氏黑黄檀，俗称"大叶紫檀"，属于黑酸枝木。大叶紫檀纹理较粗，呈紫褐色，脉管纹粗且直，打磨后有明显脉管纹棕眼；其芯材新切面为橘红色，久则转为深紫或黑紫色，划痕明显。卢氏黑黄檀木纤维壁厚，木射线在放大镜下可见；波痕不明显，射线组织同形单列；酸香气微弱，结构甚细；纹理交错，有局部卷曲。如图 3-7 所示。

清式家具以紫檀为贵，所用主材檀香紫檀产自印度。当檀香紫檀耗尽，成材再难寻觅的时候，人们把目光转向东南亚的木材颜色与之相近的红酸枝类作为替代，大规模收购最终导致红酸枝中的交趾黄檀野生数量骤降；在交趾黄檀无法满足市场需求之后，远在太平洋彼岸的微凹黄檀等树种继而遭到了池鱼之殃。而产自遥远非洲的卢氏黑黄檀，因与檀香紫檀木质相近，在 20 世纪后期作为替代品引入中国，经过数十年的采伐，数量已经大幅减少。

（5）奥氏黄檀

奥氏黄檀原有"奥利黄檀""花黄檀""差紫黄檀""紫黄檀""榄色黄檀"之称。主产于缅甸、泰国和老挝等低海拔混交林中。如图 3-8 所示。奥氏黄檀芯、边材区别明显：边材色浅，黄白色；芯材新切面由浅红色至深红褐色，常带明显的黑色条纹。奥氏黄檀木刨花或木屑的酒精浸出液呈红褐色；新切面或水浸湿木材具有酸味。

（6）大果紫檀

大果紫檀俗称缅甸花梨，主要分布在缅甸、老挝、泰国、越南、柬埔寨和马来西亚等地。大果紫檀的芯材一般呈橘红、砖红、紫红色、黄色或浅黄色，常有深色条纹；最显著的特点就是有浓郁的果香味，新切面香气更加明显；大果紫檀木纹清晰，结构细匀，某些部位有明显的虎皮纹；另外，大果紫檀经水浸泡后，浸出液呈现明显的蓝色荧光。如图 3-9 所示。在大红酸枝被近乎砍伐殆尽之后，中国对缅甸花枝和缅甸花梨两种木材的大量需求使缅甸成为了该类木种新的非法砍伐和走私重灾区。

图 3-7　卢氏黑黄檀　　　　图 3-8　奥氏黄檀　　　　图 3-9　大果紫檀

（7）阔叶黄檀

阔叶黄檀在市场上通常叫作印度玫瑰木，它主要用于制作高级家具和装饰材料以及医药用途等。阔叶黄檀有树形的树冠，通常为落叶乔木，在潮湿地区也常绿。树高可达 20 ～ 40m，胸径 1.5 ～ 2.0m。树皮灰色。叶互生，奇数羽状，每枝 5 ～ 7 片，叶片宽而钝（故名阔叶黄檀），暗绿色。花白色，大小为 0.5 ～ 1.0cm。荚果褐色，成熟时开裂，内含 1 ～ 4 粒种子，种子亦为褐色。根系发达，具有较深的主根和较长的侧根以及吸盘。如图 3-10 所示。

图 3-10　阔叶黄檀

（8）刺猬紫檀

刺猬紫檀广泛分布在热带稀树草原林中。刺猬紫檀会因老化而手捻即碎。刺猬紫檀几乎每根木材皮底都有小虫沟。虫沟形成图案，如蝴蝶、菊花等。根部树皮较厚，有 1.5 ～ 2.0cm，肉眼看起来木材表面光滑，但手摸凹凸不平的地方为小槽棱。常见鼓钉刺，这是该木材的特征。这种金字形鼓钉从芯材穿透边材冒出来，在径切面很鲜明，同芯材颜色一样。鼓钉部位在板材径切面的一半（以髓心为界）有一道横影，很有立体感。如图 3-11 所示。

（9）东非黑黄檀

东非黑黄檀产于非洲东部，包括坦桑尼亚、塞内加尔和莫桑比克，属热带雨林落叶小乔木。原木外形难看，扭曲而多中空，加工也比较困难，出材率低。东非黑黄檀属我国《红木》国家标准 8 类中黑酸枝木类之一，是一种相当不错的黑酸枝木类木材。进口商往往把东非黑黄檀当作"乌木"或"黑檀"进口。目前在市场上，一些经销商把它称为"紫光檀""犀牛角紫檀"。其实，东非黑黄檀既不是乌木，也不是紫檀，而属于黑酸枝木类。如图 3-12 所示。

图 3-11　刺猬紫檀

图 3-12　东非黑黄檀

（10）鸡翅木

鸡翅木主要产地在东南亚和南美。如图 3-13 所示。鸡翅木纹理交错、清晰，颜色突兀，在红木中属于比较漂亮的木材，有微香气，生长年轮不明显。鸡翅木被北方人称为"老榆"，常见的有东北老榆木与江西老榆木，广东不产此木料。在我国《红木》国家标准中，收录了三个树种为鸡翅木：一是斯图崖豆木，即非洲鸡翅木；二是白花崖豆木，即缅甸鸡翅木；三是铁刀木，产地在南亚及东南亚以及中国的云南、福建、广东和广西。

图 3-13　鸡翅木

（11）乌木

这里所说的"乌木"是指我国《红木》国家标准中的一种，木材市场上一般所称的"乌木"是指黑色非洲乌木，又名"黑檀"，它是树木树种的一类别。乌木类木材习惯上又分为乌木（角乌）、绿木（茶乌）和乌纹木（乌文）三种。乌木结构细而匀，纹理通常直至略交错。材质硬重，耐腐，耐久性，通常沉于水。如图 3-14 所示。

图 3-14　乌木

上述红木种类就是目前市场上最为流行的红木木种。红木既是一种材质又是一种文化，既是传统的又是现代的。由红木木材衍生而出的红木家具是经典、艺术的，它既是中国传统文化的传承，又表达了中国古典家具的设计内涵，具有极大的审美价值和收藏价值。

由于红木木材的稀缺性，红木家具注定不能成为中国家具的主流方向；此外，从环境保护及其生长特征的角度而言，红木也不具有可持续性。但有一点是肯定的，那就是选材考究、雕饰精美的红木家具集传统工艺美术思想精髓与历史文化内涵于一体，它已经完全超越了其作为家具本身的价值。

4. 真假红木甄别

红木市场如此火爆，于是一些退休人员拿着退休金、郊区农民拿着土地补偿金来买红木家具，可是很多人一不留神就买到了假货。目前在红木家具市场上造假手段层出不穷。2014 年，北京某红木企业接连举行两次新闻发布会，称 2013 年 12 月 15 日至 2014 年 1 月 17 日间，该企业与福建仙游的木料商达成了小叶紫檀的购买协议，陆续购买其小叶紫檀原木，总价值达 1500 万元人民币。返京后，经鉴定后发现所购买的木材并非合同约定的小叶紫檀。实际上，在红木市场中一直存在假紫檀以及相关产品。一个"李鬼"被拆穿，又会来一个新的，不法商家在全世界范围寻找能以假乱真的木材。连久经沙场的红木企业老板都能被骗到如此程度，更何况是毫无专业知识的普通消费者？红木造假的主要手段列举如下。

（1）以皮充肉

红木家具的造假手段首先是"以皮充肉"。我国《红木》国家标准的 5 属 8 类红木明确指芯材，边材的密度、硬度远不如芯材，目前不少所谓红木家具就是用边材制作，制成家具后使用年限和内在品质大打折扣。

（2）偷梁换柱

对于家具中能看得见的地方用贵重木材，看不见的地方用其他木材，常见手法是将颜色或纹理相近的木材混用，然后按照珍贵木材的价格定价。据说还有一种售价几百万人民币的贴皮机器，通过在类似红木的硬木甚至非木质板材上贴上红木薄板，在像桌面一类的大面积平面上尤能以假乱真。

（3）以假乱真

通过人工熏、烧、蒸、涂、抹等方法对普通木材进行加工，仿造成红木木材。各种针对皮色、纹理的"化妆术"更是花样百出。此外，还有一些商家利用纹理特征比较接近的木材蒙骗消费者。非洲产的卢氏黑黄檀最初进入中国时曾与印度"小叶紫檀"混淆，我国林科院相关部门通过研究和检测后确认"大叶紫檀"即卢氏黑黄檀，卢氏黑黄檀价格只是紫檀的几分之一。还有一种冒充小叶紫檀的木材叫作科特迪瓦榄仁木，也有人称其为"非洲小叶紫檀"，其并非红木，原料价格每吨仅万元，比起真正紫檀每吨百万余元的价格，相去甚远。有的虽没有明着骗，却在名字上做文章企图瞒天过海，例如把巴西花梨当花梨木，非洲紫檀当紫檀木。假料与真料相比，每吨原料相差几十万元甚至上百万元人民币，制作

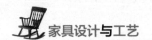

成家具或装饰物，以真料价格出售，其牟利空间可想而知。

（4）偷工减料

在制作工艺上，整体缩小家具原有尺寸较为常见。长缩短，弯变直，厚变薄。比如圈椅座面的大边一般为3.5cm，市场上有许多产品达不到此尺寸，有甚者只做1.5cm。这样可以大大节省木料，降低成本。榫卯结构是中国传统家具的灵魂，一些从缅甸老挝进口的家具根本没有榫卯，国内有些厂家用机器流水作业，家具各部件的连接从外表看似有榫卯，实际在内部根本没有传统的严丝合缝的榫卯结构，全用化学胶封堵，这样也大大提高了生产效率。传统家具用胶一般是黄鱼鳔，便于家具的拆卸和修复。现在的化学胶将家具结构锁死，很难再拆开。烫蜡、上漆更是精工细作的活计。对于不同材质的家具用蜡也不一样，比如川蜡、蜂蜡等天然蜡，都是为了保持木材原有的质朴本色。很多家具厂家为了成本低、见效快，采用找色的办法用英国蜡、石蜡、地板蜡或鞋油蜡，这些蜡会让家具缓慢变色失去原有味道。所谓"三分料、七分工"，木料只是艺术的载体，没有艺术水准的家具只能停留在使用层面，根本不具备艺术品升值的空间。但红木家具市场的鱼龙混杂并没有影响投资者的投资热情，就像炒股、炒楼一样，很多人义无反顾地做着发财梦。

3.1.3 普通实木木材

普通实木木材常用种类有：榄仁木、水曲柳、白蜡木、胡桃木、樱桃木、杨木、橡胶木、橡木、榉木、柚木、铁椿、铁杉、松木、桦木、柞木、枫木、楸木、白木、黑檀、椴木、楠木、榆木、樟木、柏木、桃花芯木等。

1. 榄仁木

榄仁木又名金丝柚木，广泛分布于非洲热带、美洲、亚洲到巴布亚新几内亚以及南太平洋地区。根据木材颜色的不同，常分为褐榄仁、黄榄仁及红褐榄仁三类。榄仁木木材具有光泽。纹理直，略交错；结构适中；质轻软；强度低；刨、锯加工略难；切面略起毛；砂光、油漆、胶粘及钉钉性能好。不耐腐，干燥易开裂。适用于家具、细木工板、地板和室内装修等。如图3-15所示。

2. 水曲柳

水曲柳分布区域较广，但多为零星散生，是国家二级重点保护野生植物。因砍伐过度，数量日趋减少，目前大树已不多见。水曲柳材质坚韧，光泽强，纹理美观，结构粗、不均匀，易加工，切面光滑，略耐腐。干燥较慢，略有翘曲、皱缩和裂纹。适用于制作各种家具、乐器、体育器具、车船、机械及特种建筑材料。如图3-16所示。

3. 白蜡木

白蜡木耐腐性较强，主要分布在俄罗斯、北美及欧洲部分地区。这种木材通常平直，带有粗糙均匀的纹理。白蜡木材质坚韧，抗震力、蒸汽弯曲强度和加工性能良好，能用钉、螺钉及胶水进行有效固定，可经染色及抛光而取得良好的表面，是制作家具的良材，特别适用于家具、地板和建筑室内装饰等。如图 3-17 所示。

图 3-15 榄仁木

图 3-16 水曲柳

图 3-17 白蜡木

4. 胡桃木

胡桃木在国内又被称为卡斯楠或核桃木，主要产自北美和欧洲，属木材中较优质的一种。国产的胡桃木颜色较浅。最常见的核桃木有黑胡桃木、白胡桃木和红胡桃木三种。黑胡桃非常昂贵，做家具通常用木皮，极少用实木，因为本身价格过高，所以大多数是胡桃木贴皮家具。如图 3-18 所示。

5. 樱桃木

樱桃木是高级木料，主要分布于美国东部各地区。樱桃木的芯材颜色由艳红至棕红色，边材呈奶白色。樱桃木天生含有棕色树心斑点和细小的树胶窝，纹理细腻、清晰，抛光性和涂装效果好，适合做高档家居用品，机械加工性能优良。干燥速度较快，干燥时收缩量大，但干燥后尺寸稳定性很好。如图 3-19 所示。

图 3-18 胡桃木

6. 杨木

杨木为大乔木，可高达 30m，主要分布于美国、加拿大、俄罗斯及我国东北地区。杨木芯边材区别不明显，木材呈奶黄色至浅黄褐色，芯材心部有时因病菌侵入出现褐色或灰褐色不规则假芯材。杨木光泽强，略有气味。纹理直，结构细，干缩小，加工容易，不耐腐。尤其染色、握钉性能较好。干燥快，易开裂翘曲。适用于胶合板芯板、低档胶合板、包装材、建筑地板和装修等。如图 3-20 所示。

图 3-19 樱桃木

7. 橡胶木

橡胶木属于亚热带树种。橡胶树长成后可以每年割胶，用刀在主干上横向略向下割开半圆的切口，流出的汁液就是原胶，是制造橡胶的原料。树老后可以利用其主干制造家具。如图 3-21 所示。

8. 橡木

橡木广泛分布在北半球区域，主要产自欧洲及北美，其中大量产自俄罗斯及美国。市场上橡木大致分为红橡与白橡两大类，但红橡不红、白橡不白，其颜色区分并不十分明显，识别二者的要点在于木材学中的管孔、林射线差异。橡木纹理直，结构粗，色泽淡雅纹理美观，力学强度相当高，耐磨损，但木材不易于干燥锯解和切削。橡木大量应用于装潢材、家具材、体育器材、造船材、车辆材和地板材等。如图 3-22 所示。

图 3-20 杨木

9. 榉木

榉木为我国江南特有木材，在北方因为大家接触甚少，人们一度将其称为"南榆"。榉木虽不属华贵木材，但因特有的清新纹理，质地均匀细腻，色调流畅柔和，为明清传统家具所青睐，在民间使用尤广。榉木沉重、坚固，抗冲击，蒸汽下易于弯曲，比多数普通硬木都重，在所有木材硬度的排行上属于中上水平。如图3-23所示。

图3-21　橡胶木

图3-22　橡木

图3-23　榉木

10. 柚木

柚木主要分布于东南亚。该木材芯边材区别明显，芯材呈金黄褐色，具有油性感，边材呈黄白色。柚木木材具有金色光泽，略带皮革气味，纹理直，柚木结构中粗纤维，重量中等，干缩系数极小。该木材是木材中变形系数最小的一种，抗弯曲性好，极耐磨。不翘不裂，耐水、耐火性强。干燥性能良好，胶黏、油漆、上蜡性能好，握钉力佳，综合性能良好。适用于高档家具、地板、室内外装饰、造船、露天建筑、桥梁和雕刻等。如图3-24所示。

11. 铁椿

铁椿为落叶乔木，主产于东南亚。边材为白色，芯材为红色透一点点白。木材直径一般在1m以下。常用于高端家具、实木地板等制作。铁椿具有光泽和芳香气味，纹理通直，结构略粗，花纹美观，材质轻软，不耐腐，干燥快，变形小，加工容易，油漆及胶黏性能良好。如图3-25所示。

12. 铁杉

铁杉又名华铁杉、刺柏或南方铁杉。主产于亚洲东部和北美。中国特有的树种产于甘肃白龙江流域，陕西南部、河南西部、湖北西部、四川东北部及岷江流域上游、大小金川流域、大渡河流域、青衣江流域、金沙江流域下游和贵州西北部海拔1200～3200m地带。铁杉木质硬，不易变形，防腐耐磨，纹理笔直均匀，木质细密，硬度适中，干燥后的木材尺寸很稳定，易于加工。适用于家具、土建工程、面板和室内装饰等。如图3-26所示。

图3-24　柚木

图3-25　铁椿

图3-26　铁杉

13. 松木

松木是一种针叶树种，有松香味、色淡黄，对大气温度反应快，容易胀大。极难自然风干，

图 3-27　松木

故需经人工处理，比如烘干、脱脂而去除有机化合物，漂白统一树色，中和树性，使之不易变形。多用于制作青少年儿童家具。如图 3-27 所示。

14.　桦木

桦木属落叶乔木或灌木。主要分布于北温带，少数种类分布在北极区内。桦木品种较多，在我国有东北桦和西南桦之分，全球以杨叶桦、纸皮桦、黑桦、矮桦、红桦和白桦最著名。在英国，白桦通常叫作银桦，但纸皮桦和红桦有时也称为银桦。树皮呈白色、灰色、黄白色、红褐色、褐色或黑褐色。该木材多用于胶合板工业。如图 3-28 所示。

15.　柞木

柞木也称中国橡木、柞栎或蒙古栎等。主要分布在美洲热带地区及亚热带地区、俄罗斯远东沿海地区、西伯利亚地区、蒙古、朝鲜、日本以及我国东北、华北、西北一带。树皮厚 1 ～ 2cm，质较硬，不易剥离。芯边材区别明显，芯材为褐色至暗褐色，边材为淡黄白色带褐色，厚度约为 2cm。木材具有光泽，花纹美丽，纹理直，结构略粗不均匀，重量和硬度中等，强度高，干缩性略大。加工容易，切削面光滑，油漆、磨光和胶粘性能良好，耐腐，易干燥，缺陷少。柞木适用于刨切薄木、胶合板、家具、地板、室内装修、军工用材和纺织器材等。如图 3-29 所示。

图 3-28　桦木

16.　枫木

枫木中最著名的品种是产自北美的糖槭和黑槭，俗称"加拿大枫木"。枫木木材紧密、纹理均匀、抛光性佳，偶有轻淡绿灰色之矿质纹路，易涂装。枫木按照硬度分为两大类：一类是硬枫，亦称为白枫、黑槭；另一类是软枫，亦称为红枫、银槭等。软枫的强度大约要比硬枫低 25%。枫木木质强度适中，质量细腻。适用于制作精细木家具、高档家具以及软木胶合镶板、造纸、单板、地板、木结构框架、灯具、抽屉侧板、室内施工、箱柜、护壁板和车削制品等。如图 3-30 所示。

图 3-29　柞木

17.　楸木

楸木又名梓木，为大戟科落叶乔木。楸木木材软硬适中、重量中

图 3-30　枫木

等，具有干缩率小、刨面光滑、耐磨性强的物理性能和力学性能，结构略粗；颜色、花纹美丽，富有韧性，干燥时不易翘曲；加工性能良好，胶接、涂饰、着色性能均不错；质地坚韧致密、细腻，价格昂贵，享有"木王"和"黄金树"之美称，是著名木材之一。楸树的生长期较慢，一般成材树在 60 ～ 80 年。楸木适用于建筑、家具、造船、雕刻、乐器、工艺和军工等方面。如图 3-31 所示。

18. 白木

白木是指一类商用材树种的总称，一般具有以下几个特点：木材色泽为天然纯白或浅黄白色的原木或板材；材性一般具有纹理直，结构细，略软到中硬，密度轻至中等。加工性质良好，锯解、旋切、钻孔、打磨光滑、雕刻容易。无钉裂问题，易于弯挠，干燥一般不开裂、变形，尺寸稳定性佳，胶接、油漆着色性能良好；主要适用于线条、装饰条（板）、罗马柱、胶合板面板、工艺品、雕刻制品、欧洲白木家具等。如图3-32所示。

19. 椴木

椴木是一种上等木材，主要分布于我国东北地区大兴安岭、小兴安岭一带，在华东地区、福建和云南也都有。国外的椴木有美国椴木、南非椴木等。椴木硬度适中，有油脂，耐磨、耐腐蚀，细

图3-31　楸木

图3-32　白木

胞间质结构均匀致密，但木性温和，所以不易开裂变形，木纹细，易加工，韧性强。钉子、螺钉及胶水固定性能尚好。经砂磨、染色及抛光能获得良好的平滑表面。干燥尚算快速，且变形小、老化程度低。椴木适用范围比较广，可用来制作家具、细木工板和木制工艺品等装饰材料。如图3-33所示。

20. 楠木

楠木又名楠树、桢楠，为中亚热带樟科常绿大乔木，最高可达30m多，胸径可达1m。楠木为中国和南亚所特有，种类一般有金丝楠木、香楠和水楠这三种，坚硬耐腐，寿命长，

图3-33　椴木

色泽淡雅匀称，伸缩变形小，易加工，耐腐朽，是软性木材中最好的一种。多用于造船和宫殿建筑。楠木极其珍贵，已经被列入中国国家重点保护野生植物名录之中，目前严禁砍伐。如图3-34所示。

21. 榆木

榆木主产于温带，为落叶乔木，树高大，数量以北方为多，尤其是黄河流域、华北平原地区。榆木有黄榆和紫榆之分，黄榆多见，木料新剖开时呈淡黄色，随年代久远颜色逐步加深，而紫榆天生为黑紫色，色重者与老红木的颜色近似。榆木木性坚韧，纹理通直，花纹清晰，硬度与强度适中，耐湿，耐腐。一般均能适应透雕、浮雕，刨面光滑，弦面有"鸡翅木"的花纹，十分美丽。榆木适用于家具、装修、雕漆工艺品、胶合板和车船器械等。如图3-35所示。

图3-34　楠木

图3-35　榆木

22. 樟木

樟木为常绿乔木。主要分布于中国东南部、越南、日本、东亚至澳洲以及南太平洋地区。主产于我国安徽南部地区、江西、湖南、湖北、福建、广东、台湾、浙江等长江以南地区。树皮为黄褐色，有不规则的纵裂纹。木材块状大小不一，不变形，耐虫蛀，表面为红棕色至暗棕色，横断面可见年轮。樟木质重而硬，有强烈的樟脑香气，味清凉，有辛辣感。有药用之功能，并常用于制作家具、雕刻品、木制品和家装。如图 3-36 所示。

23. 柏木

柏木属柏科，为常绿乔木，高可达 30m，胸径可达 2m。树冠呈圆锥形，树皮幼时为红褐色，老年树为褐灰色，纵裂成窄长条片，分布于北美、东南欧及东亚与南亚。我国有柏木、干香柏、西藏柏木和巨柏等几个种类。常见的柏木种类有地中海柏木、加利福尼亚柏木、岷江柏木、墨西哥柏木和西藏柏木等。其木材为有脂材，材质优良，纹理直，结构细，耐腐，可用于家具、建筑、车船和器具等。如图 3-37 所示。

24. 桃花心木

桃花心木属于楝科大乔木，原产美洲，在中国也有广泛种植。树高可达 25m 以上，可作行道树、庭园树等。桃花心木是世界著名木材，具有天然美丽花纹，纹理细致，刨削切面光滑，木材不翘裂，硬度适中，耐腐，易加工。广泛用于高级家具、室内装饰、雕刻、制造箱板、高档汽车的装潢、乐器和游艇等，也是良好的单板材和胶合板贴面板材。如图 3-38 所示。

图 3-36　樟木　　　　　图 3-37　柏木　　　　　图 3-38　桃花心木

3.1.4　人造板材

利用木材在加工过程中产生的边角废料，再添加化工胶黏剂制作而成的板材称为人造板。可以说人造板是人类智慧和现代科技的完美结晶，同时也是对自然资源的最好利用，人造板材的出现解决了天然木材的积蓄量不断减少的问题。人造板材与天然木材相比，有幅面大、变形小、表面平整光洁和价格便宜等优点。

不过，如果人造板材在制造过程中所加入的甲醛超标，则是一大危害。甲醛被联合国世界卫生组织确定为致癌和致畸性物质，对人体健康的影响主要表现在嗅觉异常、刺激、过敏、肺功能异常、肝功能异常和免疫功能异常等方面。甲醛的释放主要有两个来源：一是板材本身在干燥时，因内部分解而产生甲醛，表现为板材在堆放和使用过程中，温度、湿度、酸碱、光照等环境条件会使板内未完全固化的树脂发生降解而释放甲醛。二是用于板材基材粘接的胶粘剂产生了甲醛。因此，工厂在生产人造板时对甲醛要有严格控制。

人造板材的种类繁多，包括纤维板、蜂窝板、阻燃板、铝塑板、美案板、发泡板、刨花板、细木工板、胶合夹板等。

1. 纤维板

纤维板也叫作密度板，是由木材经过纤维分离后热压复合而成。如图 3-39 所示。它按密度分为中密度板和高密度板。平时使用较多的为中等密度纤维板，它的优点是表面比较光滑，容易粘贴、喷胶、粘布，不容易吸潮变形；缺点是有效钻孔次数不及刨花板，价格也比刨花板高。

图 3-39 纤维板

2. 蜂窝板

蜂窝板如图 3-40 所示，它是由牛皮纸加工成蜂窝形状而形成的。蜂窝板可伸缩也可拉伸，产品共分为 A、B、C 三级。它的优点是重量轻，不容易变形。但是它要和中纤板或刨花板结合才可以使用，特别适合做防变形大跨度台面或易潮变形的门芯，但在生产时要进行冷或热压加工，因而生产效率较低。

图 3-40 蜂窝板

3. 阻燃板

阻燃板又被称为不燃板。如图 3-41 所示。其主要以工业氧化镁为原材料。阻燃板不吸水，可以长时间泡浸。市场上的阻燃板中，有一类是由石膏原材料为主做成的，虽然也有阻燃性，但是吸潮性能比较差，而且局部比较容易膨胀，且不能钻孔或打钉。另一类是硅酸板，它同样也有阻燃性，但是握钉力比较差，对承重结构件要求强度高。

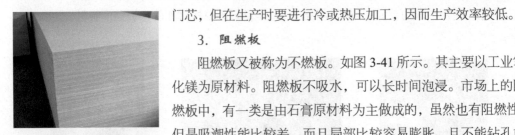

图 3-41 阻燃板

4. 铝塑板、美案板

这两类板材属于复合型材料，铝塑板表面以铝板镶在塑板上面，另一种则以塑料板为主进行真空镀铝处理，这两种板在功能上差不多。如图 3-42 所示。美案板是铝塑板的一个类别，它除了具有塑胶板表镶铝层外，还通过模压加工出各种美术图

图 3-42 铝塑板

案。铝塑板的特点是重量较轻，且能防火，也可做造型弯曲。缺点是握钉力较差，连接只能用胶水或钳夹工艺，因此只能局限于部分产品使用。

5. 发泡板

发泡板主要是以 PP、EPS 等材料发泡而成的。如图 3-43 所示。一般发泡板用于隔音、图钉插钉等，特别适合强度不高的结构件和承重量低的场合使用。发泡板与波音软片、布

黏合时，要选择合适的胶水及不同的工艺参数，不然会有起泡现象。

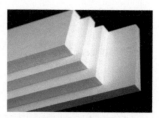

图 3-43　发泡板

6. 刨花板

以木削经一定温度与胶料热压而成的称为刨花板。如图 3-44 所示。木皮木削和甘蔗渣是构成刨花板的主料。质量一般的刨花板用木材刨花原料制造，它由芯材层、外表层及过渡层构成。外表层中含胶量较高，可增加握钉力，防潮，可以砂光处理。由于刨花板在加工过程中运用了胶料及一定溶剂，所以导致其含有一定量的苯成份化学物质。

图 3-44　刨花板

7. 细木工板

细木工板是由芯板拼接而成，两个外表面为胶板贴合。如图 3-45 所示。细木工板握钉力均比胶合板、刨花板高，在价格上也高于胶合板或刨花板。细木工板适合做高档柜类产品，加工工艺与传统实木差不多。

图 3-45　细木工板

8. 胶合夹板

胶合夹板由杂木皮和胶水通过层压而成，如图 3-46 所示。一般压合时采用横、竖交叉的方式，目的是起到增加强度的作用。一般对于 12 厘板厚度要求为 9 层以上，10 厘板厚度要求为 5 层以上。胶合夹板按类别分为Ⅰ类、Ⅱ类、Ⅲ类以及Ⅳ类。不同类别的胶合夹板价格相差较大，应根据不同的用途进行选配。

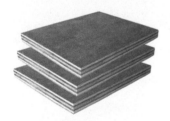

图 3-46　胶合夹板

除了上述比较常见的 8 种人造板材之外，科技木也是其中的一种，并在众多领域发挥着重要的作用。科技木是以普通木材为原料，利用仿生学原理，通过对普通木材进行物化处理生产的一种性能更加优越的全木质的新型装饰材料。如图 3-47 所示。与天然木材相比，科技木几乎不弯曲、不开裂、不扭曲。其密度可人为控制，产品稳定性能良好。

和天然木相比较，科技木还具有以下特点。

一是色彩丰富，纹理多样。利用电脑设计，可产生各种各样的颜色及纹理。

二是产品性能更加优越。科技防腐、防蛀、耐潮，易于加工。

图 3-47　科技木

三是成品利用率高。科技木没有虫孔、节疤等天然缺陷，几乎不浪费任何材料。

可以说，科技木的出现是对日渐稀少的天然木材的绝优替代品，它不仅满足了人们对不同树种装饰效果及用量的需求，还使珍贵的森林资源得以保存与延续。

3.1.5　五金

一般来说，五金分为黑色金属件、有色金属件和铸件金属三大类。

1. 有色金属件

有色金属件有一个特点就是不容易生锈，但强度比黑色金属件要差。家具多用铜制品、锌制品、钛锆合金和不锈钢制件。如图 3-48 所示。

- 铜制品：铜制品分为纯铜和铜合金。纯铜强度硬度较差，但韧性好。铜合金中应用于家具的多为黄铜，它是一种主要含锌的合金铜。家具中主要在拉手、预埋螺钉处应用铜件。

- 锌制品：锌制品主要以锌合金或与钢铁结合使用。由于锌制品强度较差，因此在家具中使用较少。多数是生产成锌合金家具配件。

- 钛锆合金：钛锆合金在家具的使用中，一般用于高档拉手、合页及高档外露连接件或酒店家具之中。电镀后的钛锆合金耐磨性十分好，而且不会生锈。

- 不锈钢制件：不锈钢件的比重一般高于铁制品，其价格也比铁制品高出许多。在实际生产中，一般只有比较高档的家具产品才会使用。

2. 黑色金属件

黑色金属件（见图 3-49）主要是指铁制品。在家具的运用中，黑色金属件多为圆管、方管、角铁、钢板这几类。圆管一般用于椅子类产品，方管一般用于托架之类，钢板则主要用于台桌的挡板、挂件和金属柜门等。

3. 铸件金属

在家具五金制品中，有很多是采用铸件形式的，如拉手、门铰等。如图 3-50 所示。目前，市场上流行的铸件工艺包括压铸工艺、浇铸工艺和精铸工艺。铸件材料则一般包括不锈钢、黄铜、锌锡合金、铝合金。

图 3-48　有色金属件　　　　图 3-49　黑色金属件图　　　　图 3-50　铸件金属拉手

3.1.6　铝材

铝材在实际生产中应用比较广泛，常用的有压铸铝合金和铝型材两种。铝材主要由纯度较高的铝锭为原材料，同时为了增加其强度、硬度和耐磨性等性能，还添加诸如镁、硅、碳、硫等多种金属元素。

1. 压铸铝合金

压铸铝合金的原材料主要以铝锭和合金材料为主，经熔炉融化后进入压铸机中压铸成型。如图 3-51 所示。压铸铝合金的模具造价昂贵，一般都高于注塑模等其他模具。其优点是压铸铝合金的产品形状造型各异,以方便各部件的连接。另外,压铸铝合金的硬度、强度较高。

2. 铝型材

铝型材的生成采用的是挤出成型工艺,其生产原理是将铝锭等原材料在熔炉中熔融后,经过挤出机挤压成型。铝型材具有重量轻、不生锈的优点。不过,铝型材表面质量也有比较难以克服的缺陷,如翘曲、变形等。铝型材在家具中用途比较广泛,如各种桌台脚、装饰条、拉手、椅管等。如图 3-52 所示。

图 3-51 铝合金

图 3-52 铝型材

3.1.7 皮革类

皮革是经过一系列物理化学等工艺处理后得到的不易腐烂的动物皮,但随着新的科学技术和生产工艺的提升,其他材料合成皮革制品在家具中更为常见。其定义比较广泛,按用途分包括生活用革、工业用革以及农业用革等。为联系家具生产、使用的实际需求,我们在此以其制造方式为分类。皮革按制造方式由次到优可分为合成革、人造革、再生皮以及动物皮。

图 3-53 合成革

1. 合成革

合成革(见图 3-53)被形象地称为高仿真的"皮革塑料制品"。其正反面都与皮革十分相似,并且具有一定的透气性。合成革的特点是不易发霉、不受虫蛀、光泽漂亮,并且比普通人造革更接近天然革。此外,合成革在防水、耐酸碱等方面都优于天然皮革。其表面主要是聚氨脂,基料是丙纶、涤纶、棉等合成纤维制成的无纺布。

图 3-54 人造革

2. 人造革

人造革(见图 3-54)是 PVC 和 PU 等人造材料的总称,也叫作仿皮。人造革可以根据不同耐磨度、不同耐寒度、不同强度,以及色彩、光泽、花纹图案等要求加工制作。其特点是防水性能好,花色品种繁多、边幅整齐、利用率高并且价格相对真皮便宜。虽然现代技术日益发展,但绝大部分的人造革的手感和弹性均无法达到真皮的效果。

3. 再生皮

将各种动物的废皮及真皮下脚料粉碎后,再加入化工原料加工制作而成,这就是我们常见的再生皮(见图 3-55)。再生皮的特点是皮张边缘比较整齐,此外再生皮的利用率比较高,且价格便宜。再生皮的缺点是皮身一般较厚,强度较

图 3-55 再生皮

差，一般适宜制作公文箱、拉杆袋、皮带等。

4. 动物皮

动物皮又称为真皮，是指从牛、羊、猪等动物身上剥下的原皮，经脱毛处理及鞣制加工后制成各种特性、强度、手感和花纹不同的皮具。其中，牛皮、羊皮和猪皮是制革所用原料的三大皮种。真皮又分为头层皮和二层皮两类。头层皮是由各种动物的原皮直接加工而成，或对较厚皮层的牛、羊、猪等动物皮脱毛后横切成上下两层。一般，纤维组织严密的上层部分被加工成各种头层皮。二层皮是纤维组织比较疏松的二层部分，其是经化学材料喷涂或覆薄膜加工而成。实际生活中，区分头层皮和二层皮的可靠方法是观察皮的纵切面纤维密度。如图 3-56 所示。

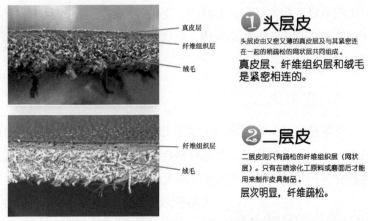

图 3-56 头层皮和二层皮的区别

3.1.8 布类

家具产品中选用的布类分为人造化纤布和天然纤维布两种，一般以人造化纤布居多。

图 3-57 人造化纤布

1. 人造化纤布

人造化纤布（见图 3-57）是由聚酯、经聚酰氨、聚氨酯、聚甲醛、聚尿、聚丙烯晴、聚氯乙烯、聚乙烯酸及氟类这 9 类高分子材料编织而成的。所有化纤布的质量指标均分为细度、强度、回弹性和吸湿度，这 4 个指标为重要质量参数。细度是指纱线粗细的程度；强度是指能承受的拉力；回弹率是指拉伸后回到原尺寸的比率；吸湿度指的是对水分的吸湿力。

2. 天然纤维布

天然纤维布（见图 3-58）包括棉、麻、羊毛和石棉纤维等，通常适合家具使用的只有棉麻两大类。天然纤维布的特点是环保，且其保温性、耐磨性很好。其缺点是耐酸性比较差，毛的

图 3-58 天然纤维布

耐光性也不强。在价格上，天然纤维布比人造化纤维稍高一点。

3.1.9 海绵

通常，在家具工厂中使用较多的海绵主要有定型棉、发泡棉、橡胶棉、再生棉等。

1. 定型棉

定型棉是指聚氨酸材料经多种添加剂混合后，压入模具加温而形成的不同形状。如图 3-59 所示。定型棉主要适用于沙发座垫和靠背，也有少量扶手是用定型棉做的。定型棉弹性的硬度可根据产品的不同部位进行调整，一般座棉硬度较高，靠背棉适中。

图 3-59　定型棉

2. 发泡棉

发泡棉是用聚醚发泡成型的。经发泡的棉像是一块方型面包一样，可按不同要求切削厚度，也可调整软硬度。如图 3-60 所示。

图 3-60　发泡棉

图 3-61　橡胶棉

3. 橡胶棉

橡胶棉（见图 3-61）是海绵中的一种，是采用天然乳胶作主料发泡而成。橡胶棉具有橡胶的特性，弹力很好，不易变形，但其价格也比发泡棉高出许多。

4. 再生棉

再生棉是由海绵碎料挤接而成的。再生棉的成本很低，但弹性比较差，密度不一。如图 3-62 所示。

图 3-62　再生棉

3.1.10　橡塑类

在家具生产中，塑料制品十分常见，其材料包括 ABS、PP、PVC、PU、POM、PA、PMMA、PE、PS、PC 和橡胶件及树脂等，不同材料适应不同范围、不同部位。如图 3-63 所示。

1. ABS

ABS 俗称工程塑料，用于连接件、座椅背和座板。

2. PP

PP 俗称聚丙烯，用于五星脚、扶手、脚垫以及对于强度要求不高连接件。

图 3-63　橡塑产品

3. PVC

PVC 俗称聚氯乙烯，用于封边件、插条件。

4. PU

PU 俗称聚氨酯。用于扶手配件。

5. POM

POM 俗称赛钢。用于脚垫、脚轮、门铰、合页等。

6．PA

PA 俗称尼龙。用于脚垫、五星爪和脚轮。

7．PMMA

PMMA 是有机玻璃，俗称亚克力。用于透明材料。

8．PC

PC 俗称聚碳酸酯。用于透明材料。

9．橡胶件

橡胶件用于屏风隔音胶条、脚塞、导轨阻尼件等。

10．树脂

家具产品中的玻璃钢类是其中的一种。

3.1.11 玻璃制品

玻璃依据不同生产工艺可分为平板玻璃和吹制玻璃，在家具实际生产中平板玻璃最为常见，在这里仅介绍平板玻璃。如图 3-64 所示。平板玻璃是以硅酸盐为原材料经高温炉溶融成液体而成型。按色彩区分，平板玻璃分为青玻璃、白玻璃和有色玻璃三种。家具中平板玻璃都要进行磨边，以防伤手。除此之外，平板玻璃还要进行热弯、钢化和粘接等处理，从而使平面变为立体的效果。

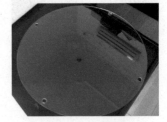

图 3-64　平板玻璃

3.1.12 涂料

涂料是指涂于物体表面，能形成具有保护、装饰作用的液体或固体材料。涂料的组成物质主要包括基料、颜料、填溶剂、助剂等。

目前，家具制造企业常用的涂料品种有硝基木器漆（NC），酸固化木器漆（AC），水性木器涂料（water），不饱和木器漆（PE），聚氨酯木器漆（PU）和紫外光固化木器涂料（UV）等。

下面对硝基木器漆（NC）、酸固化木器漆（AC）及水性木器漆进行介绍。如图 3-65、图 3-66 和图 3-67 所示。

图 3-65　硝基木器漆

图 3-66　酸固化木器漆

图 3-67　水性木器漆

1．硝基木器漆

（1）硝基木器漆及性能特点

该涂料的性能特点如表 3-1 所示。

表 3-1　硝基木器漆及性能特点

涂料优点	干燥快速，作业效率高，单液型调涂简便，没有使用时间限制，修补方便。不具耐溶剂性，可清洗，涂膜的柔软性较好
涂料缺点	涂膜干燥后会再次被溶剂溶解，不具耐溶剂性，膜厚相对于二液型涂料来说较差，无法一次性得到高厚膜的涂装，并且涂膜容易消减目陷。在湿度高时易发生白化，涂膜不耐高温，易燃烧。耐药品性、耐热性、硬度和光泽持久性差

（2）硝基漆施工注意事项

1）在使用前搅匀，清除杂质。

2）对于硝基稀料，需要调整黏度。

3）在施工之前，需要清扫表面。

4）如果漆膜发白，则需要调整黏度。

2．酸固化木器漆

（1）酸固化木器漆及性能特点

酸固化木器漆是由氨基树脂与醇酸树脂两者混合而成，以酸为促媒使其反应，干燥后形成涂膜。如图 3-66 所示。

（2）酸固化木器漆的品种和特点

该涂料的品种和特点如表 3-2 所示。

表 3-2　酸固化木器漆的品种和特点

产品种类	性能特点
AC透明面漆	• 丰满度好，干燥速度快，硬度好，可抛光 • 透明度高，手感细腻爽滑，适用于实木或贴皮家具
AC实色面漆	• 丰满度好，干燥速度快，硬度好，可抛光 • 耐候性好，手感细腻爽滑，适用于高档家具
AC底漆	• 高丰满度，清晰度好，适用于贴纸、实木产品 • 快干，易打磨，耐候性好，涂膜强韧，硬度高，具有高度的耐磨性和耐冲击性

3．水性木器漆

（1）水性木器漆及性能特点

水性木器漆是以水作为稀释剂的涂料，其稀释剂包括水溶性漆、水稀释性漆和水分散性漆。水性木器漆主要有水性单组分木器漆和水性双组分木器漆两大类。如图 3-67 所示。

① 水性单组分木器漆。水性单组分木器漆主要是以丙烯酸或改性丙烯酸类聚合物为主要成膜质的单罐装水性木器涂料，并可随着水分的挥发而干燥成膜的涂料，使用时只需添加

适当的清水进行稀释即可，应用领域及施工方式与溶剂型硝基漆（NC）类似。根据施工方向的不同，其主要产品见表3-3。

表3-3　水性单组分木器漆产品介绍

产品种类	性能特点
水性补土	• 易施工，填充性好 • 用于木材木纹、缝隙以及钉眼等缺陷的填补
水性胶固底漆（也称为头度底漆）	• 干燥快，防涨筋性能好 • 用于固化软质木材中的纤维，使得其较易砂断，进而得到光滑坚固的平面，起到防涨筋的效果
水性格丽斯着色剂	• 可擦涂施工，渗透性适中，着色不易发黑，附着力好 • 用于木材着色，丰富木材的装饰效果
水性单组分透明封闭底漆	• 漆膜致密，封闭性好 • 用于封闭木材中的油酸、单宁酸等物质，确保漆膜的长久性
水性单组分底漆	• 柔韧性好，易施工，耐黄变性好 • 用于木材的填充
水性单组分面漆	• 柔韧性好，易施工，耐黄变性好 • 用于木材的装饰及保护

② 水性双组分木器漆。水性双组分木器漆主要是以含有羟基、羧基交联基团的聚合物为主剂与含有异氰酸酯基团（NCO）聚合物为固化剂的双罐装水性木器涂料，并通过水分的挥发及化学交联反应而干燥成膜的涂料。在使用时需要按比例将固化剂加入主剂当中搅拌均匀，再添加适当的清水进行稀释即可，应用领域及施工方式与溶剂型聚氨酯漆（PU）类似。根据施工应用的不同，其主要产品见表3-4所示。

表3-4　水性双组分木器漆产品介绍

产品种类	性能特点
水性双组分透明封闭底漆	• 漆膜致密，封闭性好，硬度高 • 用于封闭木材中的油酸、单宁酸等物质，确保漆膜的长久性
水性双组分底漆	• 柔韧性好，填充性好，硬度高 • 用于木材的填充
水性双组分面漆	• 柔韧性好，耐磨性好，硬度高，抗黏连性好，耐化学性优异 • 用于木材的装饰及保护

（2）水性木器漆的常见施工工艺

如图3-68所示。

（3）水性木器漆的施工注意事项

1）搅拌均匀，不可摇晃。

2）薄涂多遍，切勿厚涂。

3）施工工具，不沾油脂。

4）耐碱工具，进行施工。

5）施工完成，清洗工具。

6）用后密封，防止反应。

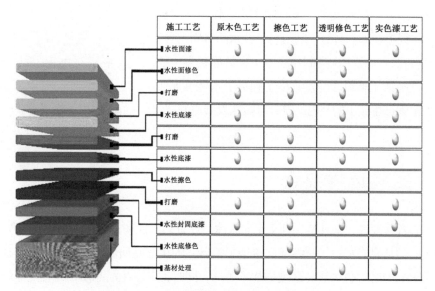

施工工艺	原木色工艺	擦色工艺	透明修色工艺	实色漆工艺
水性面漆	●	●	●	●
水性面修色				
打磨	●	●	●	●
水性底漆	●	●	●	●
打磨	●	●	●	●
水性底漆	●	●	●	●
水性擦色		●		
打磨	●	●	●	●
水性封固底漆	●	●	●	●
水性底修色		●		
基材处理	●	●	●	●

图 3-68　水性木器漆的常见的常见施工工艺

在选择油漆方面，首先要考虑家具的风格，是开放式还是封闭式，高丰满度亮光还是亚光，是现代风格还是仿古风格，然后根据以上家具漆的特点选择油漆的种类。

随着生活水平的提高和人们对健康生活的追求，油漆的环保要求被放在了油漆选择的首位，油漆中的有机溶剂品种和含量有了严格的要求。长期接触或吸入溶剂会导致皮肤过敏、头痛、咽喉痛和乏力等，严重的会引起支气管炎、过敏性哮喘和肺炎等重大疾病。因此，应将无毒性的家具漆放在选择的首位。无论是家具企业还是消费者，对油漆的选择都应该十分慎重。

3.1.13　编材类

编材类材料主要是针对家具成品进行包装用的，它一般包括泡沫板、纸箱、护边、护角（泡沫制品）、珠棉、木架、编织袋、LED 发光材料等。

这里就家具包装常用的泡沫板、纸箱进行介绍。

1. 泡沫板

泡沫板是多种化学材料经加热预发后在模具中成型的白色物体。泡沫板主要用于建筑墙体、屋面保温、材料包装等。泡沫板的优点是密度小，回复率高，具有独立的气泡结构。此外，泡沫板还具有防渗透性能好、耐老化以及不脆裂的特点。如图 3-69 所示。

图 3-69　泡沫板

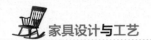

2. 纸箱

纸箱是应用特别广泛的包装制品，纸箱的规格和型号多种多样。按用料不同，有瓦楞纸箱和单层纸板箱等。纸箱箱壁按层可分为里纸、瓦楞纸、芯纸和面纸。包装家具的纸箱一般体积较大，箱壁较厚。如图 3-70 所示。

除以上所介绍的种类外，家具制作的过程中会用到的材料还有很多，如石材等。随着科学技术的日新月异，更多新材料可以运用于家具制作当中，家具的种类也随之增多。这些人工材料在一定程度上解决了木材等天然资源的积蓄量日益减少的问题，符合可持续发展原则。

图 3-70　纸箱箱壁一般较厚

3.2　家具选购要点

从大的方面来说，家具是一种文化的载体，具有艺术性和文化价值。从小的方面来说，家具与人的生活息息相关，直接或间接地影响着人的生活品质和身体健康。家具在满足人们生活需求的同时，也让居住环境增加了美感，同时提升了生活品质，并且能够彰显个人的修养与品位。所以说，家具是实用的艺术品。

目前市场上家具琳琅满目，种类众多，有实木家具、板木家具、板式家具、软体家具、金属家具和塑料家具等。家具市场需求个性化差异也很大，选购家具没有统一的标准，总体上是以个人的喜好为原则来挑选。一般来说，选购家具除了个人喜好还会考虑材质、风格、环保性能、整体性、工艺结构以及颜色、价格、气候等多方面因素。下面主要从这几方面进行讲述。

1. 材质

按常规顺序分类，从材质来看，家具主要分为木家具、软体家具、金属家具、塑料家具、竹藤家具、玻璃家具等。目前家具市场上以木家具和软体家具为主，其他材种家具较为稀少。

木家具根据用材又分为实木家具、板式家具和板木结合家具三种。下面就实木家具、板式家具、软体家具及其他材质家具的选购进行介绍。

（1）实木家具

实木家具（见图 3-71）是指纯实木家具，即不使用任何人造板制成的家具。市场上，一些企业也把由天然木材和人造板混合的板木结合家具称为实木家具。

实木家具近年来受到消费者喜爱，成为市场的主流，这是与其鲜明的特色分不开的。

● 环保性高：实木家具在加工制作的过程中，和那些人造板的家具相比，其用胶量非常之少，因而其环保性比较好。

● 使用寿命长：板式家具的使用寿命一般为 2～4 年。实木家具的使用寿命是板式家具的 3 倍以上。

● 有保值功能：近年来随着实木家具价格的走高，不少人冲着保值的原因购买实木家具。当然，实木家具能否保值增值不能一概而论，还要具体看实木家具的材质和木种，红木家具则另当别论。

图 3-71　实木家具

● 美观大方：实木有天然的纹理和芳香的气味，带着自然的气息。随着生活节奏的加快和对环保的认知回归，实木越来越受到现代都市人的热捧。

（2）板式家具

板式家具（见图 3-72）是以人造板为主要基材，以板件为基本结构的拆装组合式家具。板式家具的优点是：可拆卸、造型富于变化、外观时尚、不易变形、质量稳定、价格实惠。板式家具的组装通常采用各种金属五金件连接，装配和拆卸都十分方便，加工精度高的家具可以多次

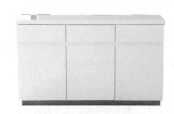

图 3-72　板式家具

拆卸安装，方便运输。因为板式家具的基材打破了木材原有的物理结构，所以在温、湿度变化较大的时候，人造板的变形程度要比实木稳定得多。不过，板式家具常常由于五金配件质量引起结构的不稳定，另外企业工艺不当或偷工减料还会导致甲醛气体超标释放。

（3）软体类家具

图 3-73　软体家具沙发

软体家具是指以海绵、织物为填充主体的家具，例如沙发、软床等。如图 3-73 所示。软体家具包含了外包面料布艺、真皮、仿皮、皮加布类的沙发和软床等。因为软体家具主要是由框架、弹簧和海绵等组成的，所以其框架质量和内部填充物质量决定了整个软体家具的优劣。

（4）其他材质家具

其他材质家具中，金属玻璃家具是较受欢迎的一类。由于金属玻璃家具拥有特有的光泽感与坚硬感，及其他材质所没有的更为简约、更为时尚的质感而受到人们的追捧。如图 3-74 所示。

图 3-74　金属玻璃家具

藤条也是原生态的材料，其特质是比较坚韧，因而可以编织出各种形态的家具。藤制家具最大的特色是能吸湿、吸热，自然透气，受到我国南方人特别是两广及海南的人们喜爱。藤制家具还具有不会轻易变形和开裂的物理性能。如图 3-75 所示。

近年来，受传统文化逐渐回归的影响，中国家具市场消费偏爱实木家具。"仿实木"即板木结合家具，因其款式时尚、性价比较高等原因，市场份额有所增长。板式家具在一线市场逐渐萎缩，只能在低端市场充当主流。而在国外，板式家具由于使用人造饰面板，不仅高档，

在防滑、耐高温等诸多性能上也更加优越，非常流行，尤其被许多高端酒店大量使用。事实上，家具是为了满足居住要求而生，单一材质的家具无法满足市场消费需求，只有多材质、多风格才能胜任。

图 3-75　藤制家具

2．风格

目前，我国家具市场上流行的家具风格主要有中式家具、意大利现代简约家具和欧美式风格家具等。

图 3-76　中式家具

（1）中式家具

中式家具（见图 3-76）分为中式古典家具和现代中式家具。其中，中式古典家具又分为红木家具及民间家具；现代中式家具又分为新古典家具及新中式家具。中式家具是中华民族文化传承的载体之一。

传统中式风格家具以明清家具为代表，也就是人们常说的红木家具。传统中式风格家具在木材的选用上多以红木为主调，色彩沉稳，造型庄重典雅。细分来说，明式家具讲究选料，清式家具以装饰见长。传统中式风格家具因生产地区的不同，形成了不同的地方特色，最具有代表性的为苏作、京作和广作。目前，传统中式家具因木材稀缺、价格高昂等因素，往往被当作收藏品。

近年来，国内家具市场催生了现代中式风格家具（也叫作新中式风格家具），并促使现代实木家具爆炸式的发展。

新中式家具是指一种蕴涵中国文化，却用现代的手法和技术来表达的一种家具风格。是一种有别于古典家具的新中式家具。按人们对其的理解是，"新"体现在实用上，属第一位；"中式"是精神的，属第二位。

新中式家具的"新"表现为，在设计上新中式更为科学合理。明清时期由于技术和材料等原因，家具的设计难免有所局限性。另一方面，由于对当时社会主流儒家思想的恪守，古人更重礼仪，"坐"讲究端庄得体，家具的设计不讲究舒适安逸。新中式家具的设计从现代人的坐卧感受出发，并撷取国内外新潮家具中的某些时尚元素，使得家具在使用时更加称心如意。在款式上，新中式家具在功能上也有所改良提升。古典红木家具功能比较单一，新中式红木家具摆脱生活空间的局限性，为用户提供强大的使用功能。如床的设计，新中式家具很多款式具有储物功能，比如沙发下面的空间也同样可以加以利用，设计非常巧妙，不会因为住宅空间而受到约束。在消费层面上，历来消费红木家具的顾客，在年龄、品味、文化素养、经济实力方面都偏高，且具有浓厚的中国情结，以 20 世纪六七十年代出生的人群居多。可以预测，在未来 20 年中，这些消费人群将逐渐退出主流消费群体行列，而以"80

后""90后"为主的新一代消费主流将形成。

虽说新中式家具在诸多方面占尽优势，但其发展现状却不尽如人意，鱼目混杂和违反中式本义等现象充斥其中。当下，很多国人在不断地追求欧美生活方式，原版照抄是一种满足需求的捷径，其固有的生活方式可以原封不动照搬过来，但是符合中国人自己的固有的人文理念、价值观等是无法受到影响的。新中式家具一定要有"中国文化价值理念"的存在，这样才能满足中国人自己的精神内涵。

可以肯定的是，新中式家具的特点是风格新潮、功能强大、设计科学合理、价格相对优惠，这些特点与新消费群体追求新潮时尚、舒适产品、住房面积较小、经济实力相对要小等特点相契合，因此获得这一消费群体的认同并不困难。新中式走向规模化、大众化似乎成为了一种必然。

（2）意大利现代简约风格家具

意大利现代简约风格家具倡导"简约而不简单"的生活哲学，时尚而又典雅。该风格家具中的设计元素、材料都很单一，精雕细琢，给人一丝不苟的印象。这种风格的家具在干练中寻求和谐，用精细的工艺与考究的材质展现出工业化社会独有的精致与个性。加上其富有时代感的几何线条，给人心情怡然的感觉。如图3-77所示。

意大利现代简约风格家具受到了年轻时尚一族的追捧，其外形简洁流畅，符合了现代生活快节奏的要求，但又富有生活气息。这种风格的家具从进入中国开始到现在一直是家具市场的主流。近些年，随着社会经济与文化的发展变化以及中华民族的文化复兴，意大利现代简约家具在国内逐渐向中国本土化过渡，产品风格更显民族化，即现代家具产品既有中式文化元素又有明显现代设计标志。

图3-77 意大利现代简约家具

（3）欧美风格家具

欧美风格家具继承了殖民地文化，同时欧美家具也蕴含着深厚的西方艺术理念。

欧式家具以意大利、法国和西班牙风格的家具为主要代表。精细的裁切雕刻，富有节奏感的曲线，色彩富丽，艺术感强，整体上显得华贵优雅，十分庄重。

美式风格源于欧式，同时又结合了美洲大陆的自由浪漫，贵气中不失随意。目前市场上欧美家具风格主要分为三大类：仿古、新古典和乡村式。

欧美风格家具从20世纪80年代开始在中国流行多年而不衰，目前仍占据家具主流的位置。如图3-78所示。

除此以外，近年来东南亚风格家具、韩式风格家具都曾在国内流行，但是缺乏以上几种家具的文化底蕴和生命力，因此并没有成为主流。

概括来说，中式传统风格家具经典流传，但消费群体过于小众。意大利现代简约风格家具逐渐实现本土化演变，和新中式风格的家具一同在近几年大行其道，也符合现代建筑和家居设计潮流，在以"80后""90后"为主力军的消费群体中，占据了绝大部分的优势。欧美风格家具具有极强的竞争力，高贵典雅，附加值高，多适用于别墅或高档社区。

图3-78　欧美风格家具

3. 绿色环保

绿色环保理念已经深入人心，事关健康，这是所有消费者都十分在意的基本要求，并且已经受到我国政府的重点关注。近年来对家具在环保要求上主要是在甲醛超标。事实上，严格来说所有家具都会含有甲醛，含有一定量的甲醛并不意味着一定是不环保的，关键在于甲醛的释放量是否超标。

甲醛含量是衡量家具环保性的重要指标，目前中国强制性标准 GB 18580—2001《室内装饰装修材料　人造板及其制品中甲醛释放限量》规定，家具产品中甲醛释放量应小于等于 1.5mg/L。这主要是对家具原材料中可能出现的对环境有害的化学成分的限制。因此，那些甲醛超标的家具对环境和人体都是有害的，消费者不应该购买。

消费者购买家具可以要求卖家出示家具环保认证的检测报告。在检测报告上，会明确标明家具的材质、甲醛含量等。消费者可以对照我国国家标准以甄别家具是否环保。一般来说，选购有一定实力的、上规模的品牌家具都是比较可信的。

家具必须符合标准后才可进入市场。中国木家具及家具材料的有害物质限量分别执行以下4项含有强制性条款的国家标准。

GB 18580—2001《室内装饰装修材料　人造板及其制品中甲醛释放限量》；

GB 18581—2009《室内装饰装修材料　溶剂型木器涂料中有害物质限量》；

GB 18583—2008《室内装饰装修材料　胶黏剂中有害物质限量》；

GB 18584—2001《室内装饰装修材料　木家具中有害物质限量》。

只有严格执行这4项含有强制性条款的国家标准，才可以保证家具符合国家规定的环保要求。

4. 工艺结构

选购家具除了看材质、风格和价格等方面外，还要注意家具的做工是否精细，结构是否牢固。

做工是否精细方面，如板式家具的包边、封边是否平整、严实是很值得关注的一点，封边最好是圆角的，不能直棱直角，否则容易伤手。再比如使用人造板贴面的家具，无论是贴木单板还是贴预油漆纸，都要注意毛皮是否贴得平整，会不会出现鼓包、拼缝不严的现象。

家具结构是否牢固方面，消费者可以现场试用一下。比如家具的四脚是否平整落在地上；桌子、椅子等腿部的拼缝严不严，是否有很好的固定作用，挑选时可把桌椅倒过来看一看；对于包布椅、沙发等座具可以摸一摸、坐一坐。

5.　整体家居概念

整体家居概念是近年来流行起来的，随着室内软装设计师在行业的话语权不断增大，并介入家具消费领域，其影响越发广泛。目前家具市场上越来越多的整体定制家居生活馆就是最好证明。

一般来说，消费者购买家具有很大的随意性，而且多以单件家具消费为主。许多消费者在购买家具时对单件家具都较为满意，但组合之后对整屋家具的协调性多数并不满意，或者在商场购买时很满意，当家具运到家之后对家具效果不满意，这就促使许多消费者需要找到一个解决整体家居的方案。目前，在我国家具行业涌现出一批优秀的、典范的整体家居企业，如广东东莞的诺华家居等。如图 3-79 所示。

整体家居是集设计、装修、施工、家具、木门、楼梯和橱柜于一体的，整体家居从设计入手将装修、施工、建材、家具、配饰等之间的关系充分协调，对于家具按设计风格工厂化生产，达到风格的一致

图 3-79　整体家居

和工艺的完美结合，是今后的发展趋势。装饰公司采用套餐的初衷是所有品牌主材全部从各大厂家、总经销商或办事处直接采购，由于采购量非常大，又减少了中间流通环节，拿到的价格也全部是底价，所以可以把实惠让给消费者。但是实际上套餐是个很复杂且争议很大的事物。一方面套餐在个性化上有着先天的欠缺，另一方面有些装饰公司以很低的套餐价格吸引客户，但是在装修工程中不断增加款项，造成了很多的纠纷。随着国内装饰 O2O（线上到线下）模式的发展，这种套餐的方式越来越盛行，所谓 O2O 模式就是在线上下单，线下完成施工，各个品牌的线上商城承接业务，线下加盟商承接施工，在价格和监控上比一般的套餐模式有了很大的改进，增加了评价和监控体系，性价比很高。目前 O2O 模式做得比较好的品牌有东家西舍、家装 e 站、致和及实创等。

可以说整体家居模式兴起的原因就是其本身能够最大限度地迎合消费者对家装的需求。整体家居不仅仅是功能性的体现，更是人们注重设计、注重体验的精神诉求。

6.　其他方面

当然，家具选购还有许多方面需要考虑，包括当地的气候，家具的气味、颜色、性价比以及个人的生活习惯等。比如我国南、北气候差异较大：北方干燥，实木家具存在开裂问题；南方多潮湿，选择沙发应多选择皮沙发等。总之，家具选购没有统一的标准，多以个人的喜好为原则，其需求千差万别。但是市场上总会有些商家为了牟取利益，以次充好、以假乱真，商家的欺诈花样也不断"翻新"，让消费者防不胜防，难以买到称心的家具。因此在购买家具之前需要对其特性、质量和服务等有一定的了解，以免落入不法商家陷阱。

其实，家具选购需要注意的事项还有很多，人们在选购家具时只要多看、多问、多闻、多摸、多查、多比，总能找到理想的家具产品。

第4章
产品的成本核算

家具产品的成本核算一直都是困扰家具企业的难题，人们在探索更为合理的核算模式。以前，对于家具产品的成本核算是一块板、一块板进行计算，特别容易导致错算甚至漏算；对于油漆、胶水等原料的消耗量，也只能通过过胶面面积或喷枪喷涂时间来计算，准确率很难得到保障。不准确的成本核算给家具企业带来了诸多负面的影响，如订单报价、原料采购和生产管理等。尤其当前大多数家具生产企业销量滞涨，毛利下滑，对于成本的精确控制就显得尤为关键。

1）成本核算不准确导致报价不准确，高则失去订单，低则造成亏损。

2）成本核算不准确导致采购成本增加，影响流动资金的周转。

3）成本核算不准确生产管理则难以实施，对生产管理的指导会造成极大的偏差。

可见，家具产品的成本核算在家具企业的运转中占有其重要的地位，对家具企业的正常运营及后续发展起着举足轻重的作用。

目前，家具企业的成本分析及报价问题的解决之道主要是通过信息化计算。据统计，家具企业的成本核算在计算机技术的帮助下，再配以专业的软件，其成本统计准确率就能达到98%以上。

家具企业在完成设计工作后，借助专业软件，计算机就能自动统计出数据详尽、精确的报表，如原材料明细表、原材料汇总表等，为企业备料提供最直接的明细数据。

4.1 标准成本及其用途

标准成本法是指以预先制定的标准成本为基础，用标准成本与实际成本进行比较、核算和分析成本差异的一种产品成本计算方法，其核心是按照标准成本记录和反映产品成本的形成过程和结果，并借以实现对成本的控制。标准成本法也是加强成本控制、评价经济业绩的一种成本控制制度。一些规模较小的企业因条件限制而没有执行标准成本，就不能实现标准成本与实际成本的差异分析。

1. 标准成本的作用

1）它是制定标准出厂价格的依据。

2）它能分析成本差异从而降低成本。

3）它是生产工人工资核算的标准。

2. 标准成本操作方法

当家具企业有了 ERP 系统（企业全程管理软件）后，基本都能靠系统成批计算所有成品、半成品的标准成本，可以按照如下流程执行。

1）编制用料清单初稿。

2）校正用料清单初稿。

3）编制产品工价表。

4）修正用料清单及产品工价表。

5）报送核算部核算产品标准成本。

6）安排产品签订时间。

7）生产总经理召开产品签订会。

8）完成新产品标准成本表修正稿并存档，建议出厂价，报送销售部。

9）签订销售协议。

10）正式投入生产。

4.2　产品报价的计算

以标准成本为基础，辅助差异分析，这样公司的产品报价就会变得快捷、准确。通常各个公司都会根据公司的实际情况编制产品报价的计算表格，通过填写不同的材料及其用量、人工工时、机器工时等变量，就能自动加上相关的各项间接费用，从而得到产品报价。

4.2.1　原材料成本

以木制家具为例，计算原材料成本方式如下。

1）计算木材的计划耗用数量。根据用料清单单位用量乘以数量计算出木材的计划耗用用量。

2）用产品所使用的计划木材数量，再乘以所使用木材的单价，得出产品的木材成本。大致需要参照以下 4 个核心指标。

- 材料价格：材料材积 / 利用率 × 原料到厂价格。
- 备料材积：按净尺寸加上加工余量。
- 板材到备料毛料尺寸的利用率：需要根据板材的实际状况进行测定。
- 原料单价：按照出具的增值税票的价格加运费（到厂价格）计算。

4.2.2 辅助材料的计算

1. 油漆材料价格

按照产品喷涂面积乘以混合油单价计算。

下面以混合油单价举例说明。

假设：面油、固化剂、稀释剂比例为 1:0.5:0.8。

混合油单价=（面油价格+固化剂单价×0.5+稀释剂单价×0.8）÷（1+0.5+0.8）

喷涂面积按产品实际情况计算。

2. 五金配件价格

按照产品实际需要用量乘以单价计算。

4.2.3 人工成本及制造费用、管理费用的分摊核算

将材料及人工成本、制造费用和管理费用累加得到直接成本。

直接成本 = 材料成本 + 五金包装成本 + 水电费机物料成本 + 人工成本

间接成本：可以设定制造费用按直接成本 5% 计算；管理费用按 10% 计算；利润按 10% 计算；如果企业有历史财务数据，间接成本系数计算就比较方便，而且误差相对较小。当然，间接成本分摊要根据企业实际业务状况来计算，即每年要对上一年的历史数据进行测算，并且考虑今年的预算实际情况去调整计算出相应的分摊比例。

如果没有历史数据或者希望采用简单的方法估算，可以采用以下简易报价方法计算。

简易报价：报价 = 直接成本 × 系数

对于具体的系数认定需要考虑市场因素，如果是独家开发的新产品，竞争系数小或者市场仿制难度大，系数可以上升到 2 以上；市场反应良好，销售渠道稳定，系数大约可以定位在 2，系数越大毛利当然越高，但是这种系数的确定需要根据是市场和企业的实际情况确定。这里给出的参照系数如下。

自主新产品开发 2.2 ~ 2.5，老产品 2.0 ~ 2.2，加工产品 1.8 ~ 2.0，数量巨大的产品 1.5 ~ 1.8。

样品报价单如表 4-1 所示。

表 4-1 样品报价单

×××家具报价计算单				日期：		货币	RMB
						单位	1pcs
序号	项目	子项	用量	单位	规格	单价	金额
1	原材料	板材			1220×2440×18（mm）		300.00
		面板					200.00

（续表）

序号	项目	子项	用量	单位	规格	单价	金额
2	辅助材料	热熔胶		kg			50.00
		五金					20.00
		玻璃					10.00
		海绵					5.00
		布类					3.00
		白乳胶		kg			
		抛光蜡					
		油漆		kg			15.00
		固化剂		kg			3.00
		稀释剂		kg			3.00
3	材料成本合计						609.00
4	制造费用分摊					5%	30.45
5	直接人工		20	h		25	500.00
6	间接人工					50%	250.00
7	机器成本		10	h		30	300.00
8	直接成本						1689.45
9	管理成本					10%	168.95
10	运费					2%	33.79
11	利润					10%	168.95
12	标准成本						2061.14
12	佣金					20%	412.23
13	售价						2473.37

4.3　实际成本核算与分析

4.3.1　产品的成本计算方法

成本计算的方法一般有品种法、分批法和分步法等。当然，选择哪种办法要根据实际生产工艺的特点，同时结合成本管理的要求情况来进行选择。通常，家具企业在实际生产中所涉及的工序比较多，如开料、压板、底漆、面漆等。同时半成品也比较多，因此可以考虑用分步法。

家具材料成本首先是木料成本、油漆成本和五金件成本，还有需要的一些布料、皮质或者是海绵等原料成本。

同时还需要考虑材料的领发和材料成本的归集。

1）采购部门的备料：生产部下达生产通知，如果所需要的生产材料库存量不够，由仓库提醒采购部门购买，采购严格按照仓库提供的材料品质、规格购买。

2）生产车间的领料：领料要指定固定的领料人，并且在仓库保管员的指导下填写领料

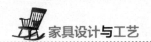

单。同时，必须将领料单中的各项要素填写清晰，仓库才能发料。

3）ERP 系统会依据制令单号把直接材料归集，用于产品成本计算。

4.3.2　生产工人工资的核算

生产工人工资分为 4 部分：直接生产工人的计件定额工资；间接生产工人及车间后勤管理人员的考勤工资；车间工人生产产品之外的劳务费；特殊情况下的工资补贴。

1．直接生产工人计件定额工资的计算方法

由成本核算部根据成品库每日报送的产品完工入库单计算工资。各工种生产车间工人要核定最低保障工资，或按照完工入库产品计算的工资低于最低保障工资时，按照最低保障工资计算。

2．间接生产工人及车间后勤管理人员的考勤工资

对于非生产产品一线的辅助生产人员，可以按照行政部核定的标准工资，以每日记录的考勤表为汇总统计工资。

3．车间工人生产产品之外的劳务费

对于由其他部门借调的工人的劳务费，借调部门在劳务终止时，要对借调车间开具劳务费结算单，借调部门签字后，交该车间统计，以汇总计算应支付给职工的劳务费。

4．特殊情况下的工资补贴

在我国有关法规的规定下，或是公司有特别制定工资补贴的制度下，由相关领导批准，向工人发放工资补贴。可以是现金形式，也可以直接计入当月工资。

4.3.3　车间制造费用的核算

车间的设备维修、设备折旧及管理人员工资等属于非直接生产的车间制造费用，对于这些费用的核算方法，企业可以采用已经试行的、有效的费用管理方法。

1）每个月末，由车间填写资金计划申请表，对下月计划发生的生产产品以外的各项费用开支情况进行详细记录，并估算费用金额。经审批之后，再报财务部核算，并以此为支付依据。有些家具企业对超出预算部分的不予支付。

2）当车间设备有需要维修、购买或者报废等情况时，由车间保管人员及时标记记录，月末前报送成本核算，用来按实际情况对固定资产及折旧情况做相应处理。

3）对于车间领用的价值较低、不易损坏的生产及管理工具类材料，生产领用时由成本会计每月做汇总表，详细记录工具的领用部门、领用人、领用时间、领用工具的名称和数量以及金额等。

4.3.4　委托外加工费用的核算

1）一般来说，在产品设计及标准成本制定过程中，家具企业就要确定哪些设计或是工艺需要外加工（外包）来完成。家具企业的通常做法是，权衡外包在生产能力、生产成本以及生产质量方面与自己本厂有多大的差别，然后再进行决定。

2）公司负责人在做出决定后，有相关人员与外加工企业商定加工价格，并报成本核算部门。

3）委托外加工时，发料由车间统计核对发件名称、规格、订单号、数量等信息。在车间收到加工企业的成品时，由车间统计仔细核对收料信息，完成成品入库单，并且准确填写加工费工价以计算应付加工费。

4）每月月末由车间统计人员把当月外加工汇总表报送成本核算部。

4.3.5　期末盘点

为了得到及时的错漏更正，家具企业在月末、季度末或年末时，由财务部下达盘点指令，对仓库、车间等进行库存材料、库存产品、车间材料、车间在产产品和车间完工未入库产品的盘点。

一般情况下该工作由仓库库管、车间统计操作，生产厂长下达指令要求各人员配合车间统计进行盘点，由成本会计监督指导盘点工作，及时检查有无漏盘、重盘现象发生。

盘点结果出来后，由仓库库管、车间统计汇总报送成本核算部，成本核算部对盘点结果计算各种材料差异金额，结合当月日常计算成本数据及标准成本进行分析对比，查找偏差原因，做出差异分析报告。

4.3.6　生产成本和产成品成本的计算

首先，要分清几个界限。

1. 正确划分各个月份的费用界限

1）如果是已经开支但应由以后的月份负担的费用，应该计入待摊费用。

2）本月支付但应由以前月份负担的费用，由于在以前月份已经把费用做了预计，并记入"预提费用"账户，所以应抵销此账户。

3）应由本月负担的费用，不管是否已经支付，都应计入本月费用。

2. 正确划分完工产品与在产品成本的界限

如果产品已经全部完工，则其成本全部为产成品成本；如果产品全部未完工，则其成本全部为在产品成本。在家具企业的实际生产中，往往既有产成品，又有在产品，这就需要把总的产品成本在产成品和在产品之间进行分配。

3. 正确划分不同产品的成本界限

一般情况下家具企业都会生产多种产品，因此这就需要把全部生产成本在几种产品之间进行分配。凡是能分清应由哪种产品负担的费用，应直接计入该种产品的成本；凡是由几种产品共同负担的费用，则要采用恰当的标准进行分配，最终把各种产品的成本计算出来。

其次，要进行制造费用的分配。

产品成本由直接材料、直接人工和制造费用三部分组成。其中，直接材料和直接人工属于直接费用，而制造费用则是间接费用。制造费用的分配方法是，制造费用是家具企业为生产产品而产生的，应该计入产品成本。制造费用的分配方法一般有生产工时比例法、生产工人工资比例法等。家具企业以生产工时进行分配比较理想。

最后是产成品成本的计算。

产成品成本=（期初余额+本期发生的全部生产成本）-期末在产品成本

产成品成本的计算问题是要把总成本在期末在产品和产成品之间进行分配。一般用约当产量法或定额法等方法进行分配。产成品成本计算出来后，还要用产成品总成本除以总产量，求得单位成本。如此，产品成本计算宣告结束。产品生产成本计算方法实例分析如表4-2所示。

表4-2　××家具厂××××年3月生产甲、乙、丙三种产品，所发生的
各项生产费用和有关资料整理

产品名称	生产数量	生产工时/h	完工数量	直接材料/元	生产工人工资/元	计提的福利费/元	制造费用/元	合计/元
甲产品	1000台	1800	1000台	32000	45000	6300		
乙产品	1200件	900		35000	22500	3150		
丙产品	1500件	1000	1000件	27500	25000	3500		
合计		3700		94500	92500	12950	180375	380325

从上述资料可以看出，直接材料94500元和生产工人工资92500元及计提的福利费12950元都是直接费用，可直接计入各种产品的生产成本。而制造费用180375元是甲、乙、丙三种产品共同负担的间接费用，需要先按照一定的标准在甲、乙、丙产品之间进行分配，然后再分别计算各产品的生产成本。

假定工厂是以生产工人工时比例为标准分配制造费用的，其分配过程如下。

分配率 =180375/3700=48.75

甲产品应负担的制造费用 =48.75×1800=87750（元）

乙产品应负担的制造费用 =48.75×900=43875（元）

丙产品应负担的制造费用 =48.75×1000=48750（元）

合计 180375元。

经过分配的制造费用，就可以和直接材料、直接工资等费用一起记入生产成本明细账的有关成本项目栏内。

在将所有的产品生产费用归集完毕之后，接下来就应该将"生产成本明细账"上的生产费用之和，在完工产品和在产品之间进行分配。从所给资料可以知道：本月甲产品全部完工，其生产成本明细账上所归集的生产费用就是完工产品成本；本月乙产品全部未完工，其生产费用明细账上所归集的生产费用就是在产品成本；本月丙产品部分完工，部分未完工，其生产成本明细账上所归集的生产费用就要在完工产品与在产品之间进行划分。假定

工厂采用在产品按定额成本计价的方法分配生产费用，则丙在产品的单位定额如下。

假如丙在产品的单位直接材料为 27 元，直接工资为 25 元，制造费用为 48.50 元，合计为 100.50 元，则 ×××× 年 3 月末丙在产品的成本可计算如下。

直接材料：27×500=13500（元）

直接工资：25×500=12500（元）

制造费用：48.50×500= 24250（元）

合计 50250 元。

在确定了期末在产品成本之后，就可以计算出完工产品成本。假如丙产品有期初在产品，其成本为：直接材料 20000 元，直接工资 30800 元，制造费用 25000 元。则按前述月完工产品成本计算公式，完工产品成本可计算如下。

直接材料：20000+27500-13500=34000（元）

直接工资：30800+28500-l2500 =46800（元）

制造费用：25000+48750-24250=49500（元）

合计 99700 元。

根据本例资料，设置并登记"生产成本明细账"，如表 4-3 所示。

表 4-3　生产成本明细账表　　　　　　　　　　单位：元

产品名称：甲产品							
××××年		凭证号	摘要	成本项目			合计
月	日			直接材料	直接人工	制造费用	
3			起初在产品成本	0			0
			领用材料	32000			
			直接工资		45000		
			福利费		6300		
			分配制造费用			87770	
	31		本期合计	32000	51300	87770	171070
			结转完工产品成本	32000	51300	87770	171070
			期末在产品成本	0			0
产品名称：乙产品							
××××年		凭证号	摘要	成本项目			合计
月	日			直接材料	直接人工	制造费用	
3			起初在产品成本				
			领用材料	35000			
			直接工资		22500		
			福利费		3150		

（续表）

产品名称：乙产品

××××年		凭证号	摘要	成本项目			合计
月	日			直接材料	直接人工	制造费用	
			分配制造费用			43875	
	31		本期合计	35000	25650	43875	104525
			结转完工产品成本				
			期末在产品成本	35000	25650	43875	104525

产品名称：丙产品

××××年		凭证号	摘要	成本项目			合计
月	日			直接材料	直接人工	制造费用	
3			起初在产品成本	20000	30800	25000	75800
			领用材料	27500			27500
			直接工资		25000		25000
			福利费		3500		3500
			分配制造费用			48750	48750
	31		本期合计	47500	59300	73750	180550
			结转完工产品成本	34000	46800	49500	130300
			期末在产品成本	13500	12500	24250	50250

根据生产成本明细账的资料，可以编制××××年3月产品生产成本计算表，见表4-4。

表4-4　××××年3月生产成本计算表　　　　　　单位：元

成本项目	甲产品（800台）		丙产品（1000件）	
	总成本	单位成本	总成本	单位成本
直接材料	32000	40.00	34000	34
直接工资及福利	51300	64.13	46800	46.8
制造费用	87770	109.71	49500	49.50
合计	171070	213.84	130300	130.30

在结转已验收入库的完工产品成本时，应编制如下会计分录。

借：产成品——甲产品 171070 元

　　　　——丙产品 130300 元

　贷：生产成本——甲产品 171070 元

　　　　　　——乙产品 130300 元

第5章
木家具结构与生产工艺

5.1 木家具结构与生产工艺概述

5.1.1 木家具概述

木家具主要包括实木家具和板材类木家具，市面上有一些商家将板木结合的家具也称为实木家具，但是实际上大多应归为板式家具类别。本章介绍的木家具为纯实木类家具，如图5-1所示。

实木家具制作的所有用料均为实木。在工艺及材质上对于纯实木家具的要求很高，实木的选材、烘干、拼缝等工序均按照严格的标准把控。实木家具天然的特性十分符合当下崇尚健康、环保的风尚，而且实木家具结实耐用，深受人们的喜爱。

图5-1 实木家具

1. 实木家具的特性与优点

（1）天然环保

实木家具与生俱来的自然之美是其长盛不衰的主要原因。实木家具体现以人为本、以自然为本的现代设计理念。和人造板的家具相比，实木家具在加工制作的过程中的用胶量少了很多，因而相对其他家具而言，实木家具更为环保。在早期，人们甚至不用一钉一胶，仅仅依靠卯榫结构就能完成一件完整的实木家具产品。

（2）有自己独特的风格个性

实木家具的天然原料集自然精华于一身，美观大方。有天然的木材纹理和实木的芳香。制作而成的家具高档、厚重，将中国的传统文化与现代时尚元素相结合并融入家具的设计当中，为家具赋予了新的生命和内涵，引领着家具新潮流。

（3）使用寿命长

板式家具的使用寿命一般为3～5年，而实木家具的使用寿命是板式家具的5倍以上。

采用名贵红木为原料，以卯榫连接而成的实木家具，甚至可以成为传世作品。

除了这些与生俱来的特性之外，实木家具在制造过程中的优点也特别明显。

2. 实木家具的缺点

实木家具的缺点主要表现在保养起来较困难，比如不能让阳光直射，使用环境不能过冷、过热，并且置于过于干燥或潮湿的环境对实木家具都不利。此外，原木经过各种切削加工到制成家具产品，木材的利用率仅有 60% ~ 70%，造成了资源浪费。

5.1.2 木家具常用的材料和配件

- 木材：实木家具采用木材为主要原料，木材的详细介绍请见第 4 章。
- 贴面材料：包括科技木、浸渍纸、装饰板、聚乙烯薄膜、聚烯烃薄膜、金属箔等。
- 涂料：包括酚醛树脂漆、醇酸树脂漆、硝基漆、聚氨酯树脂漆、光固化漆等。
- 胶黏剂：包括酚醛树脂胶、三聚氰胺树脂胶、热熔树脂胶、橡胶类胶黏剂、环氧树脂胶黏剂等。
- 配件：主要是五金连接件，如铰链、抽屉滑道、拉手、门吸、脚轮和脚座、螺钉、圆钉等。

5.1.3 木家具的接合方式

木家具的接合方式包括榫结合、钉结合、木螺钉结合、胶结合和连接件结合等。实木家具结构接合方式多种多样，零部件接合方式是否合理，将直接影响到家具产品的强度和稳定性。实木家具根据结构及工艺的不同，可分为传统的实木家具（比如红木家具）和现代的全实木家具（比如柏森的 LD 系列家具）。

1. 榫结合

榫结合又叫卯榫结合，是我国古典家具与现代家具的基本结合方式，也是现代框架式家具的主要结合方式。将榫头压入榫眼或榫槽内，将两个零部件连接起来，这就是榫结合。其主要有直角榫、燕尾榫和圆榫三种方式，在此三种方式基础上演变出其他的组合类型。在明清时期，

图 5-2　家具榫结合实例

能工巧匠们将这种榫结合的方式运用到了出神入化的地步，简单精致，甚至让人看不出间隙或者瑕疵，将家具的各部件完美结合在一起。家具榫结合如图 5-2 所示。

图 5-3　钉接合

2. 钉结合

钉结合工艺较为简单。以前，木钉和竹钉在我国传统手工中应用得多，现在主要采用金属钉，有圆钢钉、骑马钉鞋钉、木螺钉等，如图 5-3 所示。

3. 木螺钉结合

木螺钉结合包括平头钉和圆头螺钉两种，如图5-4所示。

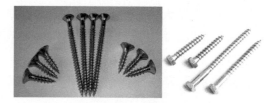

图 5-4　木螺钉

4. 胶结合

在实际生产中，胶结合在其他的接合方式中主要起辅助作用。不同的胶种其胶合性能会有所差异，因此需根据不同的工艺水平要求而合理选用。

5. 连接件结合

连接件结合是将家具的零部件装配成部件或产品的结合方式。这种结合方式能多次拆卸，在松动时可直接调紧，多为板式家具使用，在这里就不详细介绍了。

5.1.4　木家具生产工艺

1. 木材的选配

（1）选料

根据木制品的质量要求，合理地确定各零部件所用材料的树种、规格及含水率的过程称为选料。在选料时要考虑家具的结构和外形，把材质坚硬、光泽好、纹理美观的材料用作家具的外表用料。把质地较次、材色和纹理不明显的材料用作内部用料或暗料。

同时还应该注意以下几点。

- 选择那些材质好、出材率高、成本偏低的材料。
- 所选木材的含水率必须低于我国国家标准。
- 成品零部件中有缺陷的材质使用率必须低于我国国家规定的允许范围。

（2）配料方法

配料是按家具产品的要求，将不同的树种、不同规格的木材锯截成符合产品规格的毛料。

配料方法主要有划线配料法、粗锯配料法和刨光配料法等。

- 划线配料法：划线配料法是根据木构件的毛料规格、形状和质量要求，在木板上套截划线，然后照线锯割。划线配料法又分为平行画线法和交叉画线法。
- 粗锯配料法：先将准备好的板材进行粗锯，以便按特点选材配料。再根据板材的长宽度等特点，进行合理的搭配，以提高木材利用率。
- 刨光配料法：刨光配料法是将大板先经刨床单面或双面粗刨加工，然后再进行选料的方法。

2. 木材的加工

（1）加工余量

加工余量是指将方材毛料经刨或锯加工成符合设计要求的零件时所刨削或锯切掉的部

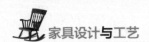

分。加工余量的大小直接影响到木材的利用率、加工质量甚至是劳动生产率。余量过小时，虽然木材的损耗率较少，但有可能达不到质量要求；余量过大时，加工为成品的废品率也随之降低，但同时会造成木材利用率低，且有可能增加了加工工时。因此，合理确定加工余量非常重要。

● 加工余量的确定：一般来说，加工余量的大小直接影响到加工的质量。目前，家具行业常采用的经验值是当毛料平直度较高时，加工余量可以小一些，反之则大一些。实际上随着毛料长度的增加，平直度也随之降低，所以长料余量大一些，短料余量小一些。

加工余量参考值如下。

长度在 500mm 以下的毛料，宽、厚的余量值取 3mm；

长度在 500 ~ 1000mm 的毛料，其宽、厚的余量值取 3 ~ 4mm；

长度在 1000 ~ 1200mm 的毛料，其宽、厚的余量值大约取 5mm；

总之，长度越大，宽、厚的加工余量值也越大。

● 影响加工余量的因素：影响加工余量的因素很多，比如设备的好坏、操作者的技术水平以及木材的质量等。要想减少加工余量必须从上述方面进行改进，从而减少加工过程中的尺寸误差。需要指出的是，在加工过程中尽量不用含水量高的成材锯制毛料，如果只能采用该毛料，那么毛料必须烘干。

（2）毛料出材率

毛料出材率是指毛板材积与锯割成毛料所耗用的成材材积之比。影响毛料出材率的因素有很多，零件质量要求越高出材率越低；成材的质量越高，出材率则越高；成材质量不高，出材率自然就越低。配料方法在一定程度上也影响毛料的出材率。

对木材不同部位的合理使用，是家具企业需要认真考虑并实施的。

● 合理选用木材。在不影响产品质量的前提下，对于家具内部用料，可以适当将某些诸如小死节、虫眼等缺陷木材，通过镶补的办法最大程度地加以使用。

● 在配料上下功夫。比如可以把一些小零件在配料时配成成倍料，对于小件尽量从大料的下脚料中选取，以加强对粘接料的使用。

3．毛料的加工

（1）加工基准面

基准面包括平面、侧面和端面。平面和侧面的基准面可在平刨床或铣床上加工，如图 5-5 所示；端面一般只需要锯机横截即可。

（2）加工相对面

相对面的加工可在单面压刨床和铣床上进行。尺寸较小的工件加工相对面可在铣床上进行；面积较大的工件加工相对面应在压刨床上进行。

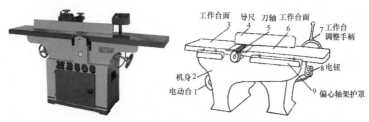

图 5-5　平刨床及其简图

在家具工厂的实际生产中，应根据家具制品各个零部件的质量要求和使用位置，合理选择加工机械和加工方法。一般以平刨床加工基准面和边，再以单面压刨床加工相对面和相对边，以此种方法加工出的产品形状和尺寸准确，表面光洁。

4. 划线技法及榫槽加工

（1）划线

划线前先要确定榫头在工件上的部位以及榫头的大小，确定是双榫头还是单榫头或是其他形状的榫头，然后按照榫结合的具体技术要求在工件的正面划线。如图 5-6 所示。划线工具主要有线勒子和角头尺等。如图 5-7 所示。

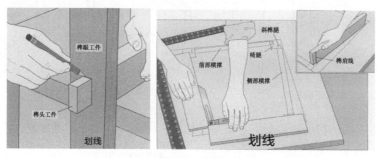

图 5-6　划线

图 5-7　线勒子和角头尺

（2）开榫

在工件的端部加工榫头的过程叫开榫，开榫包括手工开榫及机械开榫。

（3）榫眼、圆孔的加工

根据相互结合的需要，经常要在木制品相应的部位上加工各种类型的榫眼和圆孔。常用的榫眼和圆孔按其形状可分为方孔、矩形孔、圆孔、方圆孔、沉孔等。

5.2　框式家具结构

框式家具结构是我国传统的家具结构形式，以榫眼结合的形式形成主受力框架，其家具制品稳定性好，经久耐用，很受青睐。

通常情况下，在安装木框的同时或安装木框后，将人造板或拼板嵌入木框中间，称为木框嵌板结构。如图5-8所示。

嵌板分为榫槽嵌板和裁口嵌板。如果榫槽嵌板需要换装板则必须将框架拆散。在装板时，在榫槽内均不应施胶，需预留出板的缩胀间隙，以防因装板缩胀时破坏部位的结构。裁口嵌板是在装板后有带一定线型的木条钉连接固定，装配简单，易于换板，并且可获得丰富的造型。如图5-9所示。

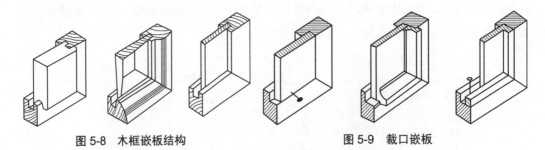

图 5-8　木框嵌板结构　　　　　　　图 5-9　裁口嵌板

现代实木家具结构是从传统实木家具结构简化而来的，我们不难发现，在现代实木家具结构工艺上总能找到传统实木家具结构工艺的影子。只不过，它们无非是通过现代先进的生产工艺把传统复杂的工艺简化了，比如将传统的榫卯接合改为现代实木家具的直榫接合。

所以，要想了解框式家具的结构，则一定要从了解传统实木家具结构开始。传统实木家具如图5-10所示。

图 5-10　传统实木家具

这里所说的传统实木家具是指红木家具，即指明清红木家具。

5.2.1　明清家具的区分

对于明式家具与清式家具，主要根据它们的风格、形式和水平进行区分。明式家具与清式家具相比水平更高。明式家具造型完美、格调典雅、装饰得体，是我国历史上其他时代的家具无法比拟的，明式家具继承了宋元时期的优秀成果。明朝中期以后，社会经济高度发展，并出现了资本主义萌芽，城市空前繁荣，市民文化也有了长足的发展，家具艺术的发展得到了巨大的推动。

清初家具带有浓厚的明式家具特点，仍具有很高的工艺水平和美学价值，精品众多。清朝乾隆年间，家具得到了上层的推动而加速发展，一方面根据统治阶层的趣味而创新，同时渗入了西方的某些因素，大大丰富了中国家具史的内容。

1. 明式家具

明朝是中国古典家具发展的黄金时期，明式家具多采用硬木，以黄花梨、紫檀木最为常见，如图 5-11 所示。

明式家具用材以黄花梨木为主，而黄花梨木家具又以桌椅、橱柜为多，没有镶嵌和镂雕，只有少数的雕刻。明末清初由于黄花梨木匮乏而改用紫檀木加工制作。大件的紫檀木家具比较少，其木材材质好，雕刻较少，不做镶嵌。

图 5-11　明式家具

明式家具采用小结构拼接，造型上注重功能的合理性与多样性，既符合人的生理特点，又富贵典雅，是艺术与实用的结合。明式家具极少用漆，也没有过多的装饰，突出木色纹理和材质美，形成清新雅致、质朴简洁和豪放规整的风格。

2. 清式家具

大体来说，明式家具简约，清式家具繁复；明式家具重造型，清式家具重装饰。如图 5-12 所示。清朝中期以后，清式家具逐渐使用鸡翅木、酸枝木、花梨木等，家具雕刻花样也多，多雕刻，多镶嵌，并且近代产品数量较多。

图 5-12　清朝家具

5.2.2　明清家具的特点

1. 明朝家具的特点

（1）喜用硬木

充分利用木材的天然纹理优势，发挥其本身的自然美，是明朝家具的一个突出特点。明朝家具用材多数为黄花梨、紫檀等。这些高级硬木都具有色调和纹理的自然美。工匠们在制作时除了精工细作以外，同时不多加漆饰，不进行大面积装饰，而是充分利用木材本身的色调、纹理的特长，形成自己特有的审美趣味和独特风格。

（2）美观牢固

明朝家具的榫卯结构极富科学性。不用钉子少用胶，不受自然条件的潮湿或干燥的影

响，所以至今几百年过去了，仍然有明代家具留存。明代家具制作上采用攒边等做法。在
跨度较大的局部之间，镶以牙板、
牙条、券口、圈口、矮老、霸王枨、
罗锅枨和卡子花等，既美观，又加
强了牢固性。可以说，明朝家具的
结构设计是科学和艺术结合的典范。
如图 5-13 所示。

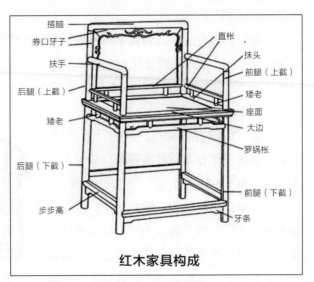

红木家具构成

图 5-13　明朝家具的构成

2. 清朝家具的特点

清式家具的风格，概括来说有
如下两点。

（1）浑厚庄重

清朝至雍正年间，清式家具新
品种、新结构、新装饰不断涌现，
如折叠式书桌、炕格和炕书架等。
在装饰上也有新的创意，如黑光漆面嵌螺钿、掐丝珐琅和婆罗漆面等。另外用福字、寿字、
流云等描画在束腰上，也是雍正年间的一种新手法。这时期的家具一改前代的秀挺，而更
为浑厚和庄重，装饰上更为繁复。造型突出用料的宽绰，尺寸加大，体态丰硕。清朝太师
椅的造型最能体现清式风格特点，它座面加大，后背饱满，腿子粗壮。整体造型像宝座一
样雄伟、庄重。

（2）富丽辉煌

清朝中期家具特点突出，成为"清式家具"的代表作。清式家具以雕绘华丽见长，其
纹饰图案也相应地体现着这种美学风格。清朝家具纹饰图案的题材在明朝的基础上进一步
发展拓宽，动物、风景、人物无所不有，十分丰富。清式家具的装饰，求多、求满、求富贵、
求华丽。多种材料并用，多种工艺结合。甚至在一件家具上也用多种手段和多种材料。雕、
嵌、描金兼取，螺钿、木石并用。此时的家具常见通体装饰，没有空白，达到空前的富丽
和辉煌。

5.2.3　榫接合结构

榫卯结构是实木家具中在连接的两个构件上所采用的一种凹凸处理的接合方式。凸出
部分叫榫，凹进部分叫卯。

榫卯结构在中国的木结构（包括建筑和家具）中广泛存在。家具中的榫卯结构体现了
中国含蓄内敛的审美观，由于接合处有略微松动的余地，当无数榫卯组合在一起时就会出
现极其复杂而微妙的平衡，除了木材延展力外，主要是由于一个个的榫卯富有韧性，不致
发生断裂。

　　榫按照不同的分类方法，可分为不同的类型。按榫头的形状不同可分为直角榫、燕尾榫、圆棒榫和圆弧榫；根据榫端是否外漏可分为明榫与暗榫；按榫头的数目多少可分为单榫、双榫和多榫；根据榫头与方材本身的关系可分为整体榫与插入榫；根据榫头和榫眼的接合方式，可分为开口榫、闭口榫、半闭口榫、贯通榫和不贯通榫。

　　1. 榫孔结合

　　榫的结合主要是榫头与榫眼结合，一般常用的榫头有直角方榫、燕尾榫和圆棒接榫三种。

　　2. 榫的种类

　　榫卯结构是红木家具的一大特色。许多流传至今的明清红木家具虽外表略显老旧，但家具整体的结构仍然完好如初，这与榫卯结构的结合是密不可分的。

　　传统红木家具各连接部位一律以榫卯相接，不仅严谨、牢固，还有装饰作用。这里我们重点介绍传统实木家具（即红木家具）的榫卯结构。红木家具榫卯结构比较复杂，可分为几十种，不同的人有时对同一榫卯结构的称谓也不同。为了统一，这里根据工厂的生产实际，仅对其中常用的几种做介绍，使读者有一个大致的了解。

　　（1）明榫

　　明榫是指家具制作好之后在表面能看到的榫头，如图 5-14 的左图所示。明榫与暗榫所用的部位不同，明榫多用在桌案板面的四框和柜子的门框处。明式家具多使用明榫，包括凳、椅、桌和床等，能用明榫的地方皆用明榫并配以破头楔，以达到坚固、方便维修的目的。

　　（2）暗榫

　　平板角接合用燕尾榫而不外露的称为暗榫，如图 5-14 的右图所示，或叫作闷榫。暗榫的形式多种多样，以直材角结合来看，就有单闷榫和双闷榫之分。清朝中期宫廷家具的制作多使用暗榫，不论是广式风格还是苏式风格都极少见到明榫。暗榫的制作难度远大于明榫，其要求榫卯的结合必须严丝合缝。暗榫加暗破头楔是永远拆不下来的，除非将其破坏。

明榫　　　　　　　　　　　　暗榫

图 5-14　明榫和暗榫结构图

　　（3）燕尾榫

　　抽屉侧板的制作一般采用两块直角相交的木板，为了防止直角拉开，榫头多做成半个银锭形，这就是家具中所称的"燕尾榫"。燕尾榫有全明、半明、全暗三种。如图 5-15 所示。

　　（4）抱肩榫

　　抱肩榫是束腰家具的腿足与束腰、牙条相结合时使用的榫卯结构。如图 5-16 所示，也可说是家具水平部件和垂直部件相连接的榫卯结构。抱肩榫是结构复杂的榫卯结构，因为要解决腿足与面板、腿足与束腰、腿足与腿足之间的连接。如图 5-17 所示。

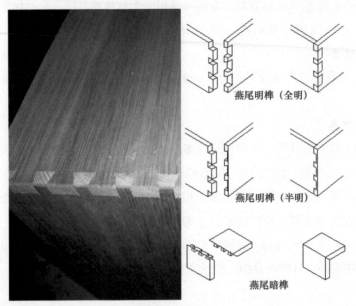

燕尾明榫（全明）

燕尾明榫（半明）

燕尾暗榫

图 5-15　燕尾榫

图 5-16　抱肩榫

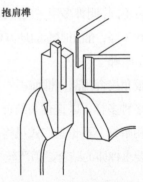

抱肩榫

图 5-17　抱肩榫结构图

（5）棕角榫

棕角榫是常用在桌子、书架、柜子等家具种中的榫卯结构，其优点是整齐、美观，不足是榫卯过于集中，影响家具的牢固性。如图 5-18 所示。

图 5-18　棕角榫

（6）格肩榫

格肩榫是横竖材垂直相交的接合，如桌子、凳子的腿和横枨，格肩榫榫头在中间，两边均有榫肩，故不易扭动，坚固耐用，如图 5-19 所示。

图 5-19　格肩榫

由于用料有圆材、方材和粗细的不同，其制件方法也各不同。如图 5-20 所示。

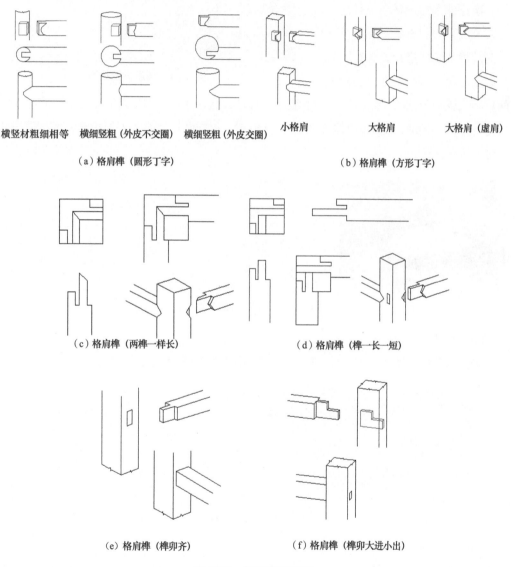

横竖材粗细相等　横细竖粗（外皮不交圈）　横细竖粗（外皮交圈）　小格肩　大格肩　大格肩（虚肩）

（a）格肩榫（圆形丁字）　　　　　　　　　（b）格肩榫（方形丁字）

（c）格肩榫（两榫一样长）　　　　　　（d）格肩榫（榫一长一短）

（e）格肩榫（榫卯齐）　　　　　　（f）格肩榫（榫卯大进小出）

图 5-20　格肩榫构造图

（7）插肩榫

腿子在肩部开口并将外皮削出八字斜肩用以和牙子相交，这一榫卯形式叫"插肩榫"。

如图 5-21 所示。插肩榫是案类家具常用的一种榫卯结构，插肩榫的优点是牙条受重下压后，与腿足的斜肩咬合得更紧密。它可以用在鼓腿彭牙式的家具上，也可以用在一般式样的家具上。

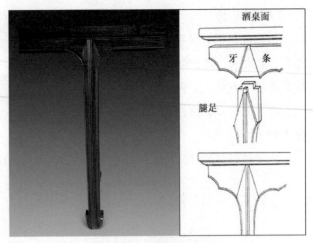

图 5-21　插肩榫结构图

（8）楔钉榫

楔钉榫是弧形材或弯材的一种连接方法。如图 5-22 所示。楔钉榫是两片榫头合掌搭接，在榫牌端头各做出小舌及凹槽，在小舌入槽后两片榫头就紧紧贴在一起，使它们不能上下移动，然后在接口中部凿一个方孔，将一个端面为方形，头稍细、尾略粗的楔钉穿入方孔钉牢，这样两片榫头就不能拉开，而把两个弧形材连接在一起。

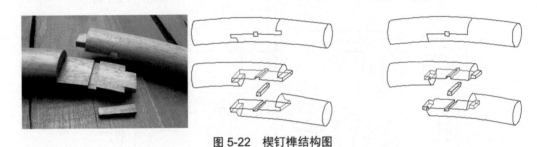

图 5-22　楔钉榫结构图

（9）拍抹头

拍抹头常用于翘头案、座板，常见的几种结构形式如图 5-23 所示。

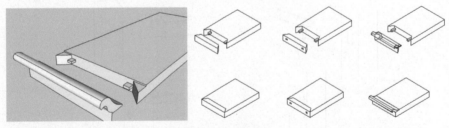

图 5-23　拍抹头

（10）裹腿帐

裹腿帐是横竖材丁字形接合方式的一种，多用在圆腿的家具上。裹腿帐表面比腿足高，两帐在转角处相交时，看上去仿佛是竹制家具用一根竹材煨烤弯成的帐子，又因它将腿足缠裹起来，故得此名。如图 5-24 所示。

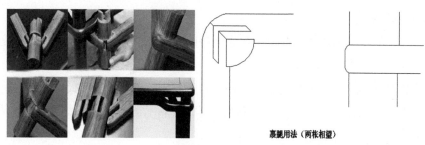

图 5-24　裹腿枨

5.2.4　框式家具基本零部件结构形式

为了适应现代工业化生产，现代框式家具在传统结构的基础上对于一些活动部件（如抽屉、活动搁板）做了一些改良，这样不仅方便生产，也同时满足了对产品使用的个性需求。

以下将重点介绍现代全实木家具零部件的结构形式，为了便于理解，此处例举抽屉与柜架的结构形式，对于其他零部件结构形式可依前面讲解的榫结合形式来理解。

1. 传统框式家具抽屉与柜架的结构形式

（1）侧抽式

抽屉与柜架的连接轨道在抽侧与柜架之间，此为侧抽式（见图 5-25），这种方式是要在抽屉侧板上拉槽，而承重的轨道与柜架组合成一体，整个抽屉的承重都在左右轨道上。此方式要求装在柜架上的左右轨道必须水平，同时抽屉斗箱的组装要标准，这样抽屉在拉合使用起来才顺滑，同时抽侧开槽的宽度要略大于左右轨道的宽度，但又不宜过大，过大时抽屉拉合幅度会减小，影响使用。

（2）底抽式

抽屉与柜架的连接轨道在抽屉的底部，此为底抽式（见图 5-25），轨道截面呈燕尾形，在拉合使用时主要是起导向作用，而抽屉主要靠抽侧板与柜架的间隙配合来承重。

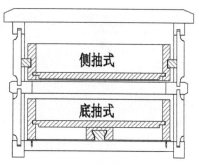

图 5-25　侧抽式和底抽式

侧抽式与底抽式两种抽屉方式各有优势与不足，在实际生产中为方便加工通常会选用一种方式。市场上，红木家具多选用侧抽式，而底抽式一般多用于美式家具。当然，因功能、尺寸等设计原因，偶尔两种方式也组合使用。

2. 现代全实木家具零部件结构形式

我们知道，现代全实木家具既有整体式又有拆装式，其中以拆装结构为主要方式，其结构方式介于传统实木家具与现代板式家具结构方式之间。下面介绍几种在生产中常用到的结构形式。

（1）拼板结构

拼板结构是在现代实木家具生产中使用最多的结构，不仅桌面、台面等面积较大的部件有拼板，其柜架承重的方料也有拼板。

对于桌面、台面等较大面积的部件，拼板后要加穿带或固条防止板件变形，通常采用直拼、斜拼和公母拼的方式。加固条的形式多样，有燕尾穿带、木方或铁方加固，还有T形五金条等，各工厂用法不同。

（2）套框结构

套框结构大量用于柜类的侧板、搁板、门板等，它的方式是将4根木方其中的两根出榫，两根凿眼，中间套一件芯板，这是最典型的套框结构，如图5-26所示。

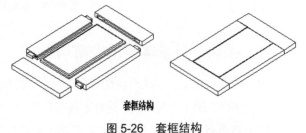

套框结构

图5-26　套框结构

（3）曲木式结构

曲木式结构是经软化处理弯曲成型的木材，或以多层胶合板所构成的木制品为主要部件的，称为曲木式结构。曲木式结构主要用于家具，其工艺简单、造型美观，如图5-27所示。但曲木式结构对材料要求严格，成型胶合板可按人体工艺的要求压制成具有理想弯曲度的各种椅子、桌子，但制作家具必须具备冷压或热压弯曲成型设备，结构部件一般采用明螺钉连接。

（4）折叠式结构

折叠式结构为可折动、积叠的形式，多用于家具。折叠式家具主要有椅、桌和床等几种。通过折动、积叠可使家具功能多样，且节省空间，如图5-28所示。

图5-27　曲木式结构家具

图5-28　折叠式结构家具

5.3　详解框式家具生产工艺

框式家具结构与生产工艺多种多样，这里仅以柏森、木宝及良木家具为例简略讲解一些框式家具的知识，虽然不尽完善，但是具有代表性。

1. 断料

断料是把采购回的原木料，根据所要生产的部件的规格加上适当的毛料。

2. 干燥

干燥是实木家具生产中最重要的环节之一，干燥处理的好坏直接影响到产品的质量。木材是一种生物材，没有干燥过的木材，其水分含量在 50% 以上，而做家具的木材含水率需控制在 8% ~ 12% 左右。

3. 粗刨

把干燥好的木材的毛边去掉。

4. 定厚开料

粗刨后的木材只是把木材的水分和外围毛边料处理了，此时木材的厚度不一定是设计所要求的规格，所以还要依设计规格再一次开料。这样做一方面是可以破坏木材的内应力，使其性能更稳定。另一方面，可以对材料的好坏进行挑选，把好的材料用在外表面，不好的材料用在内表面，提高材料的利用率。

5. 拼板

定厚开料后，木材的厚度是依设计的厚度做加工的，但它的宽度不一定是设计所需的规格，所以还需要把这种同一厚度的料重新拼板，以便加工成设计所要的宽度料。如图 5-29 所示。

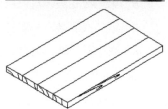

图 5-29　拼板

6. 定宽开料

拼板后可以通过压刨和砂光在厚度方向上达到设计的要求，此时宽度方向不一定符合设计要求，所以再通过定宽开料来达到设计规格。

此时木料在厚度和宽度方向均已达到设计要求，在长度方向再依设计规格进行精切就可以了，这样备料工艺就完成了。

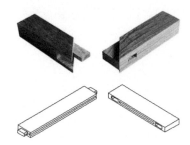

图 5-30　开槽出榫精加工

7. 开槽出榫

这是木工很重要的一个生产工艺，其加工工艺的好坏将直接影响下一道工艺的质量。如图 5-30 所示。

8. 组装

组装是把精加工后的零件，通过榫接合方式将其组成一个部件整体。

9. 钻孔

如果部件是通过连接件与其他部件组起来的，那么在部件上就要钻连接孔，常用的有偏芯件连接孔和圆榫连接孔等。如图 5-31 所示。

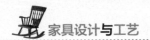
10. 成型

成型是按设计的要求对木材进行加工，比如对线条的加工、造型等进行处理。根据零部件的不同，成型、钻孔、开榫与组装等工艺不一样，在实际生产中可以根据技术与设备来调节。

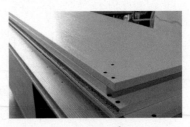

11. 养生

将成型好的零部件放至养生房，使其木材的性质趋向稳定。至此，木工工艺就完成了。

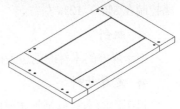

12. 涂装

1）检修。在做涂装前要对养生后的零部件进行检修及试安装，确定完好并符合设计要求后就可以开始下一步工艺了。

图 5-31 钻孔开槽

2）粗磨。检修后开始打白磨，白磨要求表面光滑，不能有涂装要求以外的缺陷。

3）做封固底漆、擦色，擦色由专业的技术人员根据色板完成。

4）第一次底漆。检查擦色效果是否良好，对照色板工艺完成第一次底漆。

5）第一次油磨。第一次油磨一般先打 240# 目砂子，后再打 320# 目砂子。

6）第二次底漆，对照色板工艺完成。

7）第二次油磨，一般打 400# 目砂子。

8）修色并面油，对照色板工艺完成。

根据色板工艺和油漆效果的不同，涂装工艺有很大差别，这里只是工艺流程的例举。

13. 包装

1）检验：检验涂装工艺是否与色板要求一致，有无色差，在自然光下产品油漆面是否平整，是否有流挂、喷涂不均、产生橘皮以及漏喷、雾白等现象。

2）试装：在包装前，对拆装产品要抽检出一套来试装，以检验木工工艺及涂装工艺完成后对产品整体质量的影响。

3）包装：依设计要求，对产品进行包装、入库。

第6章
板式家具结构与生产工艺

6.1 板式家具结构与生产工艺概述

6.1.1 板式家具概述

图6-1 板式家具

以人造板为基本材料，配以各种贴纸或者木皮，经过封边喷漆修饰而制成的家具，称为板式家具，如图6-1所示。

板式家具中，常见的人造板有胶合板、刨花板、中密度纤维板及细木工板等。胶合板尺寸稳定，厚度小，表面平整，具有良好的力学性能，既可以用来作为普通家具的结构材料，也常用于制作需要弯曲变形的家具；刨花板材质疏松，一般加工成非承重部位的芯层，多用于制作低档家具；性价比最高、最常用的是中纤板，其板面光滑平整，板边坚实细腻，内部结构均匀，适应于传统中高档家具的制作；细木工板性能较为稳定，不易变形，有时会受到板芯材质的影响，常用于制作台面、门扇等。

随着科学技术及制造工艺的发展，目前受我国传统实木家具造型与结构的影响，板式家具得以升华，其大量以胶合板、刨花板、中纤板及细木工板等人造板材为主材，通过现代技术的加工，再与特定的五金连接件进行组合，以及加入具有装饰性和功能性的新型辅助材料，成为了颇受青睐的一种现代风格家具。

1. 胶合板

胶合板也常被称为夹板或者细芯板，是现代木工工艺较为常用的材料，一般是由三层

图6-2 胶合板样图

或多层约1mm厚的实木单板或薄板胶贴热压制成，一层即为一厘，按照层数的多少叫做3厘板、5厘板、9厘板等（装饰中的一厘就是现实中的1mm，不光板材如此，玻璃等材料也同样如此）。常见的有3厘板、5厘板、9厘板、12厘板、15厘板和18厘板这6种规格厚度，大小通常为1220mm×2440mm。胶合板样图如图6-2所示。

胶合板的特点是结构强度高，拥有良好的弹性、韧性，易加工和涂饰作业，能够轻易地创造出弯曲的、圆的、方的等各种各样的造型。

2. 大芯板

大芯板也常被称为细木工板或木工板，是由上下两层胶合板加中间木条构成，也是室内最为常用的板材之一。其尺寸规格为1220 mm×2440mm，厚度多为15mm、18mm和25mm，越厚价格越高。大芯板样图如图6-3所示。

杨木、桦木、松木、泡桐等都可制作大芯板的内芯木条，其中以杨木、桦木为最好，质地密实，木质不软不硬，持钉力强，不易变形。细木工板的加工工艺分为机拼和手拼两种。相对而言，机拼的板材受到的挤压力较大，缝隙较小，拼接平整，承重力均匀，长期使用不易变形。

大芯板握螺钉力好，重量轻，易于加工，不易变形，稳定性强于胶合板，在家具、门窗、窗帘盒等木作业中大

图6-3 大芯板样图

量使用。大芯板的最主要缺点是其横向抗弯性能较差，当用于制作书柜等承重要求较高的项目时，如果书架间距过大的话，大芯板自身强度往往不能满足书柜的承重要求。解决方法只能是将书架之间的间距缩小。

大芯板的环保性也是一个大问题，因为大芯板的构造是中间多条木材黏合成芯，两面再贴上胶合板，都是由胶水粘结而成的，甲醛含量不少，所以不少大芯板锯开后有刺鼻的味道。

3. 密度板

密度板也叫作纤维板，是将原木脱脂去皮，粉碎成木屑后再经高温、高压成型，因为其密度很高，所以被称为密度板。密度板分为高密度板、中密度板和低密度板，密度在800kg/m³以上的是高密度板，密度在450～800kg/m³的是中密度板，低于450kg/m³为低密度板。区分方法很简单，同样规格越重的密度越高。密度板样图如图6-4所示。

图6-4 密度板样图

密度板结构细密，表面特别光滑平整，性能稳定、边缘牢固，加工简单，很适合制作家具，目前很多的板式家具及橱柜基本都是采用密度板作为基材。

密度板的缺点是握钉力不强，由于它的结构是木屑，没有纹路，所以当钉子或是螺钉紧固时，特别是当螺钉在同一个地方紧固两次以上的话，螺钉旋紧后容易松动。所以对于密度板的施工，主要采用贴而不是钉的工艺。比如橱柜门板，多是将防火板用机器压制在密度板上。同时密度板的缺点还有遇水后膨胀率大和抗弯性能差，不能用于过于潮湿和受力太大的木作业中。

4. 刨花板

刨花板是将天然木材粉碎成颗粒状后，加入胶水、添加剂压制而成，因其剖面类似蜂窝状，极不平整，所以称为刨花板。刨花板在性能特点上和密度板类似。

刨花板密度疏松易松动，抗弯性和抗拉性较差，强度也不如密度板，所以一般不适宜制作较大型或者承重要求较高的家具。但是刨花板价格相对较便宜，同时握钉力较好，加工方便，甲醛含量虽比密度板高，但比大芯板要低得多。现在很多厂家生产出的板式家具也都采用刨花板作为基层板材。刨花板样图如图 6-5 所示。

图 6-5　刨花板样图

目前市场上有一种叫欧松板的板材比较受欢迎。欧松板的学名叫作定向结构刨花板，严格说也属于刨花板。欧松板在国内算是一种较为新型的板种，应用时间不是很长。它是以小径材、木芯为原料，通过专用设备加工成 40 ～ 100mm 长、5 ～ 20mm 宽、0.3 ～ 0.7mm 厚的刨片，经干燥、施胶、定向铺装和热压成型。欧松板最大优点是甲醛释放相对较少，对螺钉握力较好，并且结实耐用，不易变形，可用作受力构件，用于制作书柜、书架等承重较高的家具非常合适。但是由于欧松板使用薄木片热压而成，木片与木片之间或多或少会有一些空隙存在，从整体上形成了许多细小的坑洞。此外，欧松板价格也较高。

除了欧松板，市场上还有一种澳松板。澳松板最早产于澳大利亚，采用辐射松（澳洲松木）原木制成，因此得名澳松板。它属于密度板的范畴，是大芯板、胶合板和密度板的替代升级产品。澳松板具有很高的内部结合强度，每张板的板面均经过高精度的砂光处理，表面光洁度较高。此外，澳松板比较环保，硬度大、承重好、防火防潮性能优于传统大芯板，在装修中多用于家具制作中的饰面和背板。澳松板和欧松板一样，对螺丝钉的握钉效果很好，但对于直钉咬合力不够，这与国外木器加工大多用螺钉有很大关系。

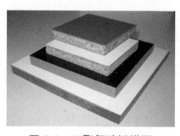

图 6-6　三聚氰胺板样图

此外，还有一种板材也常用于板式家具的生产，那就是三聚氰胺板，简称三氰板，又叫作双饰面板、生态板等，是将带有不同颜色或纹理的纸放入三聚氰胺树脂胶粘剂中浸泡，然后将其干燥到一定固化程度后铺装在刨花板、密度板等板材表面，经热压而成的装饰板。简单点讲，三聚氰胺板就是在密度板或者刨花板上贴上了一层有漂亮纹样的塑料，如图 6-6 所示。

三聚氰胺板可以任意仿制各种图案，多用作各种人造板和木材的贴面，硬度大，耐磨，耐热性好，表面平滑光洁，容易维护清洗。

最初三聚氰胺板是用来制作电脑桌等办公家具，多为单色板。因为用三聚氰胺板制作的家具不必上漆，性能不错且价格经济，目前已成为家具厂制作板式家具的首选材料。

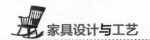
（1）板式家具的结构特点

板式家具最大的特点是连接方便，牢固耐用，拆装简易，如图6-7所示。同时，板式家具极大程度地解决了实木家具资源日渐稀少的问题，符合木材的可持续发展。当然，板式家具价格便宜，这也是目前许多消费者选择板式家具的重要原因。受市场消费指导的影响，从目前工厂的生产情况来看，工厂更重视现代板式家具的优化组合，也即是板式家具拆装的"随意性"，这使得板式家具的优势进一步得以凸显。

特别是对于"80后""90后"的群体来说，家具能够进行随意组合，这无疑是生活的一种情趣，人们可以以此找到丰富生活的促发点；另外板式家具简化了传统家具的组合方式，使得板式家具在实际的生产中其组织与管理更具科学性。

（2）板式家具的造型特征

在产品造型上，板式家具将曲与直、圆与方的变化有效地结合了起来，改变了其传统的标准造型。当然，除了产品造型的变化之外，板式家具更大的改观在于多种材质、多种空间的组合。将玻璃、金属、塑料和石材等材料运用在现代的板式家具之中，已经成为一种设计时尚，如图6-8所示。再加上板式家具在线条、色彩等方面的灵活运用，使得现代板式家具表现出更为强劲的活力。

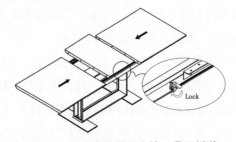

图 6-7　板式家具便于连接、易于拆装

图 6-8　多种材料组合的现代板式家具

综上所述，现代板式家具一般具备以下几个要素。

- 基材主要为人造板。
- 机械化完成生产。
- 板件采用连接件结合。

6.1.2　板式家具发展历程

可以说，我国的板式家具从无到有，再从幼稚到成熟，走过了一段不同寻常的历程。板式家具自从在我国发展以来，主要经历了两个发展阶段。

第一阶段是在1995年前后。当时市场上存在南北两派，南派主要是以生产欧式现代风格家具为主的港资企业。北派主要是以生产日式风格家具为主的国营企业。其实，无论是南派企业还是北派企业，当时的主要原材料、主要辅料和生产设备都是从海外进口的。在这一阶段中，一些经营不善的企业，即使在诸如生产设备等硬件设施有所加强的条件下，也因为在产品研发、生产管理、营销手段等的建设上没能与时俱进，最后还是被淘汰出局。

第二阶段为进入 21 世纪后，国内板式家具厂的飞速发展，特别是广东、四川等省份，为中国板式家具迎来第二个发展浪潮。此次的发展浪潮与 1995 年前后的首批国内板式家具企业的成长轨迹类似，但同之前相比发生了一些根本性的变化。比如：生产的主要原材料、主要辅料和生产设备等基本已国产化；从业人员的素质、技能比以前有所提升、更为丰富；市场则已由卖方市场转到买方市场。

6.1.3　板式家具发展趋势

我国的板式家具在 20 世纪曾发生过天翻地覆的变化，表现在大规模机械化生产，板式部件的构造简单，而且还具有节省材料及易组装等优点，它的出现很快赢得了我国民众的喜欢，并一度占据家具市场的主导地位。

展望未来，板式家具的发展趋势主要有以下方面。

1. 主材多元化

随着生产技术的不断革新，金属、塑料等材料开始用于板式家具的生产，包括三聚氰胺浸渍纸、防火板、金属板和转印膜等在内的各种覆面材料也相继出现。随着覆面技术的不断改进，多元化的覆面材料使板式家具的外观装饰效果更为多样化，并有着更出色的外观效果。值得一提的是，如今市场上一些仿实木的薄木板式部件达到了极高的仿真度。

2. 设计一体化

同其他行业一样，计算机技术在家具行业的应用在家具设计中具有里程碑的意义。32mm 系统理论的指导落实，以及部件标准化的实施为家具计算机辅助设计技术的应用创造了必要条件，促使家具设计趋向现代化、一体化。

3. 部件标准化

部件的标准化可以使板式家具在制造过程中的烦琐杂乱变得简单规范，为家具的设计、生产、仓储、运输、组装和消费方面创造了许多方便条件。可以说，板式家具部件的标准化是家具企业技术进步的需要，也是工业化生产的需要。

4. 艺术个性化

家具是文化的载体，同时家具也体现着主人的品味。在物质生活和精神文明不断提高的今天，人们希望通过生活工作的环境表现出高品位的生活追求，并且希望家具能够个性化定制，更加体现个人的喜好。而随着喷墨技术的提升，不少厂家已经可以做到在板式家具上制作精细画面，甚至可以依据客户的需要个性定制画面。可以说，随着技术的进一步提升，个性化需求将会是板式家具未来发展趋势。

6.1.4　板式家具主要材质

板式家具的主要材质包括面材、五金件等。

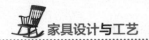
1. 面材

板式家具所使用的面材直接决定了家具产品的档次。板式家具的面材从劣到优，包括劣质面材、低档面材、中档面材以及高档面材。不管哪种面材都是仿实木效果的，只是在材质和档次有一些区别，如图 6-9 所示。

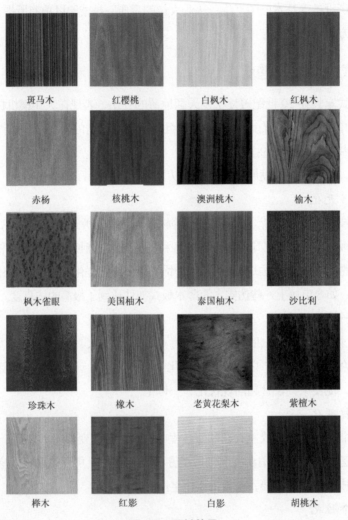

斑马木	红樱桃	白枫木	红枫木
赤杨	核桃木	澳洲桃木	榆木
枫木雀眼	美国柚木	泰国柚木	沙比利
珍珠木	橡木	老黄花梨木	紫檀木
榉木	红影	白影	胡桃木

图 6-9　面材效果

- 劣质面材：普通木纹纸，纸面三维效果较差，表面只作简单的油漆处理。
- 低档面材：饰面通常为原木色皮以及喷漆两种形式，三维效果较为一般。
- 中档面材：饰面通常为仿真原木色皮贴面，有较好的木纹效果。
- 高档面材：实木贴面，木纹清晰自然，表面光滑平整，有良好的视觉效果和手感。

2. 五金件

五金件对家具的构造有重要的影响，特别是对板式家具来说，五金件的优劣直接影响到家具产品的外观、使用及寿命。板式家具的五金件也分为低档、中档及高档 3 个等级。

- 低档五金件：通常为普通连接件，特别容易生锈、变形。
- 中档五金件：电镀层薄，光滑度及灵活性能较差，使用寿命短。
- 高档五金件：装饰五金配件，如拉手、饰件等，其风格、色泽与家具一致。高档五金件灵巧、光滑、表面电镀处理很好，无锈迹、毛刺等。

板式家具的常见五金件如图 6-10 所示。

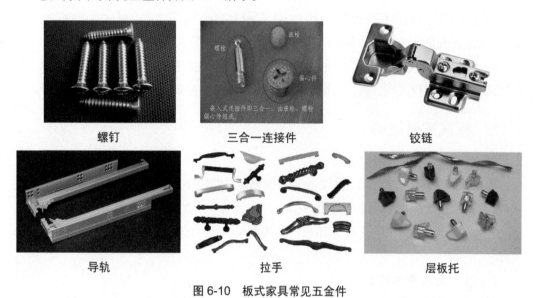

螺钉　　　　　　　　三合一连接件　　　　　　　铰链

导轨　　　　　　　　　　拉手　　　　　　　　层板托

图 6-10　板式家具常见五金件

6.1.5　板式家具32mm系统

随着家具工业的飞速发展，板式家具的设计与制造对标准化、通用化、系列化的体现越来越明显。板式家具和 32mm 系统是两个不可分割的存在，在板式家具的工业化生产中，32mm 系统是标准化、通用化、系统化的良好体现。

1．32mm 系统定义

32mm 系统是指通过 32mm 这个模数，将零部件上的孔间距设置为 32mm 的整数倍，制有标准"接口"与结构体系。这个制造体系的标准化部件为基本单元，用来组装采用原木榫胶接的固定式家具和五金件连接的拆装式家具。

32mm 系统以旁板为核心，旁板是家具中最主要的骨架构件，板式家具尤其是柜类家具中几乎所有的零部件都要与旁板发生关系。所以，32mm 系统中最重要的钻孔设计与加工均集中在旁板上。从而保证实现模块化并可用排钻一次打出，提高打眼的精度。

2．32mm 系统特点

32mm 系统包括"设计""制造与装配"这两个系统。就设计系统而言，它是指由以 AutoCAD 和 3ds max 为尺寸、造型和功能设计的基本平台。就制造与装配系统而言，它是以制造系统为核心，以标准五金件为基础，从而达到设计系统中所提出的技术与功能要求。

实际上，32mm 系统的应用是一个系统工程，它涉及基材、设备和五金配件等多个方面，它具有以下特点。

1）以 32mm 模数为基础的零部件具有标准化、通用化、系列化的特点，同时在生产的过程中围绕"部件即产品"的设计宗旨，在设计、生产、运输、装配等流程中实现产品的功能价值。

2）在结构上打破传统的榫卯结合，实现了平口结合，通俗地说即是以普通的圆棒榫来定位，用标准化的连接件来锁紧，以达到便于安装与拆装的目的。

3）在生产的流程中完全可应用 CIMS 技术实现机械化，使得标准化、通用化、系统化在家具的生产中得以实现，极大地提高了生产效率和产品品质。

6.1.6 板式家具结构

1. 板式家具部件结构

板式部件是以人造板为基材，表面进行覆面装饰的构件。板式部件的形式一般分为空心板和实心板两种。根据芯板的结构来看，目前最常用的是栅状空心板，如图 6-11 所示。实心板主要以中纤板和刨花板为芯板，其表面贴有装饰材料，如薄木、防火板、转印膜等。

2. 板式家具整体结构

板式家具采用圆孔接合的方式，圆孔的加工主要是由钻头间距为 32mm 的排钻加工而成。现代板式家具结构设计均按照 32mm 系统规范执行，板式家具连接品的外形也必须符合 32mm 的倍数。在具体设计过程中，可由结构孔来调节。

在现代家具中，旁板是核心部件，因为家具中几乎所有的零部件都要与旁板产生联系。因此旁板的加工位置确定后，其他部件的相对位置也就基本确定了，如图 6-12 所示。

图 6-11 空心板

图 6-12 板式家具的整体结构

6.1.7 板式家具生产工艺

板式家具产品的用料、设计、结构以及种类数量决定了板式家具工艺的复杂程度。所涉及的要素越多，其工艺就越复杂。

具体来说，板式家具的生产工艺包含以下几大要素。

1. 基材

板式家具的基材包括中纤板和刨花板。这两种板材均可进行大规模生产。从其来源及加工性能方面来说，它们不像实木和其他材料，对家具的设计、制造约束较少，由于这个特性，这两种基材可根据不同用户的需要设计和制作风格各异的家具。

下面仅对刨花板进行介绍。

图6-13　刨花板基材

- 刨花板的制造流程：将木材加工剩余物加工成刨花，再配入一定比例的胶粘剂，经铺装成型，再加以热压制成，如图6-13所示。刨花板按结构可分为普通板和定向板两类。

- 刨花板的主要优点：按需加工，不需要干燥处理，易于生产，方便保存，价格便宜。

- 刨花板的主要缺点：湿后易变形，膨胀率较大，紧固件不宜多次拆卸。

2. 浸渍纸贴面

三聚氨胶树脂浸渍纸贴面的人造板目前在市场上占有相当的份额。简单来说，这种材料就是在刨花板或者密度板上贴上了一层仿木纹的贴面，使之看上去像是实木板材，如图6-13所示，其基材为刨花板，面层即为三聚氨胶树脂浸渍纸贴面，所以市场有时也把这种材料称为三聚氰胺板。概括来说，它具有用料少、工序少、成本低，表面有一定的耐热、耐磨、耐污染、易清洁等性能。

（1）浸渍工艺

在浸渍过程中，要严格按照工艺要求进行操作，每30min取样检验一次。对于浸渍和干燥后的胶膜纸应即刻用塑料膜包装，并用胶条黏封，贮存在安装有空调的库房内，贮存的时间不超过90天。使用时采取随用随开的原则，一次性使用不完的应立刻封好并送入库房贮存。

（2）基材质量

一般情况下，贴面人造板的基材常用中纤板和刨花板。刨花板需要满足我国国家标准GB/T 4897—1992《刨花板》一等品的要求如下。

对基材的质量要求如下。

- 板面平整清洁，无水质油渍，无溜边啃头；

- 砂光均匀，无漏砂现象；

- 板材含水率应控制在6%～10%范围之内。

3. 热压工艺

热压工艺包括热压压力、热压温度和热压时间三个要素。

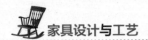

（1）热压三要素关系

热压工艺的三要素，即热压压力、热压温度和热压时间是相互依存又相互制约的，在进行工艺调整时需要统一分析调整，三个因素对贴面板的影响各不相同。

通常热压压力一般为 2.0 ~ 3.0 MPa，在不影响产品质量的前提下，应尽可能采用低的压力。合适的压力可以保证基材与浸渍纸之间有良好的结合。浸渍纸中的树脂熔融固化后，可以使基材表面的不平和微小孔隙得以填充。

一般情况下，热压板温度应控制在 145 ~ 165℃较为合适，温度高有利于压贴后的脱模，并能缩短热压周期，提高产量。但是，过高的温度也会使树脂来不及均匀流动即固化，造成板面有微小孔隙。

热压时间的长短取决于浸渍树脂的固化速度和热压温度，一般在 40 ~ 50s 为宜，时间过长会造成树脂固化过度，失去应有的弹性。时间过短，则树脂固化不充足，容易产生黏板现象。

（2）常见问题

① 黏垫板现象。热压过程中板材黏在垫板上，这种现象称为"黏垫板"。

其原因有如下几种。

- 基材含水率过高；
- 热压时间短以致树脂固化不完全；
- 浸渍纸上胶量过大；
- 热压时板坯定位不准确；
- 钢板表面不清洁。

② 板材翘曲。

采用基材单面贴纸，则必然会发生翘曲。另外，基材所用的两层浸渍纸性能不一样也会导致板材翘曲。

板材翘曲的一方面原因是由于上下压板的温度差过大，造成压贴过程中基材两侧面的胶膜纸固化速度不同步。

板材产生翘曲的另一主要原因是热压后成品堆垛方法不正确，如图 6-14 所示。

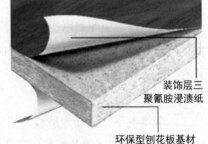

装饰层三
聚氰胺浸渍纸

环保型刨花板基材

图 6-14　板材翘曲

4. 机械加工工艺

实际生产中，现代板式家具每块标准零部件的尺寸误差都要求控制在 0.1 ~ 0.3mm 范围内，从而达到产品通用性的技术标准。在现代板式家具的设计中，对每件家具无论其三维尺度大小如何均应采用逐件分解的细化设计，小到一根小撑，大到一块侧板，都应设计出详细的规格尺寸孔眼位距，并制定出技术工艺参数要求。现代板式家具的生产核心是实现标准型部件的加工，零部件的高精度加工必须依赖现代化的专用木工机械设备来完成。

（1）板式家具零部件机械加工工艺技术

① 素板下料。

加工板式家具基材的人造板要符合质量标准。人造板材的厚度规格、表面平整度等均有严格要求，其厚度公差标准应控制在 0.3mm，长宽规格尺寸允许公差范围为 0～5mm。

② 定厚砂光。

定厚砂光也称校正砂光，无论工厂采购的人造板厚度规格标准如何，原则上对于大幅面或开料后的规格板件，都应普遍施行定厚校正砂光处理，定厚砂光机如图 6-15 所示。定厚砂光专用设备有宽带砂光机。如图 6-16 所示。三辊式砂光机结构形式如图 6-17 所示。

③ 装饰贴面。

为确保砂光后的人造板部件达到光洁平整、无开裂、无残缺以及无凹凸不平等要求，装饰贴面前的素板件需要由质检人员逐一检查或抽查板件质量是否符合饰面加工技术要求。

图 6-15　定厚砂光机

图 6-16　宽带砂光机

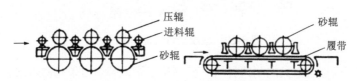

图 6-17　三辊式砂光机分上辊式和下辊式两种结构形式

④ 板件铣边。

铣边又称作铣削，如图 6-18 所示，板式家具零部件的标准规格尺寸以及边沿形状是靠双端铣设备加工完成的。板式零部件双端铣削一般分两次来完成，先是纵向边的加工，然后再进入横向边的铣削加工。

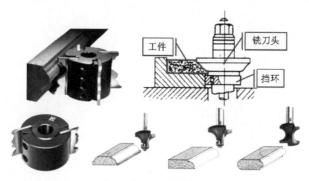

图 6-18　板件铣边

⑤ 板件封边。

封边需要用到的设备及材料包括封边机、封边条。如图 6-19 所示。

图 6-19　封边机及封边条

在现代板式家具的生产中，常用的封边方法是直线封边、异形封边以及后成型封边，这些封边基本上都属于软成型，其机器加工原理如图 6-20 所示。

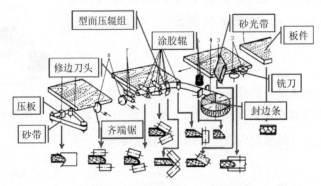

图 6-20　软成型封边机加工原理

在我国，现代板式家具的封边材料一般使用三聚氰胺封边条和薄木封边条等。使用的封边带宽度为 15 ~ 65mm，厚度为 0.14 ~ 15mm，其材料可以是实木条，也可以是 PVC 等塑胶薄片。封边的基本工作程序如图 6-21 所示。

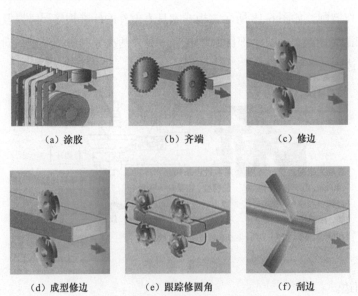

（a）涂胶　　　　　　（b）齐端　　　　　　（c）修边

（d）成型修边　　　　（e）跟踪修圆角　　　　（f）刮边

图 6-21　封边的基本工作程序

（g）砂光　　　　　　（h）砂倒角　　　　　　（i）抛光

图 6-21　封边的基本工作程序（续）

5. 钻孔

对于板式家具零部件之间的接合与装配，需要依赖各种尺寸与形状不一的孔眼来完成。这就说明现代板式家具的结构是依靠孔位组合所决定的，这也是 32mm 系列的特点。32mm 系列板式家具构件主要技术特点是孔眼数量多，规格变化快，这就要求除了图纸设计应做到详尽与正确外，更重要的则是保证钻孔的质量。通常来说，钻孔质量的好坏除了要留意以下几个要素外，与选择的钻孔机也有很大的关系。如图 6-22 所示。

钻孔应注意的技术要点如下。

图 6-22　钻孔机

- 认真查阅设计图纸，了解各项技术要求。
- 钻头保持锋利，随时研磨、更换。
- 钻孔允许公差为 ±0.2mm，孔距允许公差为 0.2mm，孔深允许公差为 ±0.5mm。
- 孔深一般为 13mm，杯型铰链孔的加工深度为 12 ～ 14mm。

6. 人造板表面砂光、厚度校正及表面涂饰

表面砂光和定厚砂光是人造板表面砂光及厚度校正的方法。定厚砂光主要是针对人造板的表面厚度公差大而采用的厚度校正方法。在板式家具生产过程中，表面砂光和定厚砂光的生产工艺是在整幅板上进行的。不过，有个别的生产工艺必须裁板后再砂光，如后成型包边等。

人造板表面涂饰工艺流程为：表面清净→腻子填平→着色→表面涂饰→漆膜干燥漆→漆膜修饰。

图 6-23　表面清洁

- 表面清洁（见图 6-23）：人造板在储存中会有一些灰尘或杂物等遗留在表面上，如果不清扫则会影响后期的涂饰。对于这些遗留物可用刷、吹、擦等方法除掉。

图 6-24　腻子填平

- 腻子填平（见图 6-24）：人造板虽经过砂光，但其表面仍会存在凹陷不平的地方，因此要对其进行打腻子填平。腻子填平后还必须经过干燥及砂光。

● 着色（见图6-25）：着色也叫涂底层涂料，使人造板具有某种特定的色调，它主要用各种染料配成的着色剂涂饰在人造板表面上。

● 表面涂饰（见图6-26）：着色干燥后，要对人造板进行表面涂布，一般采用淋涂、喷涂、辊涂三种机械加工方法完成。

图6-25　着色

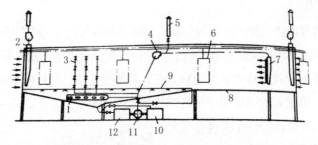

图6-26（a）表面涂饰（通过式淋涂示意图）

1- 循环吸风口；2- 抽风罩；3- 喷淋管道；4- 循环风机；5- 溶剂排管道；6- 被涂物；
7- 循环出风口；8- 室体；9- 清理管道；10- 溶剂槽；11- 离心泵；12- 涂料槽

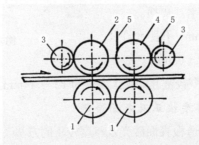

图6-26（b）表面涂饰（辊式涂布机示意图）

1- 进料辊；2- 涂布辊；3- 刮辊；4- 逆转辊；5- 刮刀

● 漆膜干燥（见图6-27）：将人造板涂料后，一般可在常温下干燥，但时间较长。因此，企业在大量生产时都采用机械干燥的方法，给涂膜一定的热能光能，使涂膜的干燥速度加快。

● 漆膜修磨（见图6-28）：面涂料干燥后，为了使漆膜更加光滑，可进一步磨光及抛光等以得到很高的表面光洁度。

7. 板式家具零部件的钻孔工艺与排钻性能

图6-27　漆膜干燥

板式家具的组成以零部件为基本单元。板式家具的零部件一般分为结构型零部件和装饰型零部件。通过排钻钻孔安装连接件等各种配件，实现板式家具的拆装结构。

一般来说，影响零部件的孔位尺寸和精度的要素包括以下几点。

- 零部件的孔位设计是否实现标准化；
- 排钻的选择是否合理；
- 是否严格按工艺规程的要求操作。

（1）板式家具零部件的钻孔工艺

① 孔位类型及布置。

图 6-28 漆膜修磨

结构孔、系统孔组成了板式家具零部件的孔位，前者是连接柜类等框架体结构型零部件的结构孔，后者是用于装配抽屉、搁板家具门等所必须使用的连接孔。

在板式家具生产中，常用的孔型及其作用如下。

- 连接件孔：用于连接件的安装和固定各个零部件；
- 导引孔：用于各类螺钉的定位以及便于螺钉的拧入；
- 圆榫孔：用来安装定位圆榫，确保各个零部件的安装精度；
- 铰链孔：用于各类门铰链的安装。

② 钻孔的工艺条件及加工精度。

板式家具零部件的孔位尺寸和钻孔精度直接关系到产品的装配精度及产品质量，因此对于涉及零部件的钻孔，要注意以下几个方面的问题。

- 孔径大小：要确保孔径大小的一致；
- 孔径深度：要确保钻孔的深度一致；
- 孔间尺寸：减少钻孔误差，保证加工精度。

（2）板式家具零部件的排钻类型及性能

板式家具零部件的钻孔是采用各种类型的排钻加工的。

① 单排钻。

单排钻是一种自动化程度较低的钻孔设备，若零部件的孔位设计在一排时，可以一次完成钻孔工作，否则需要多次钻孔。而多次钻孔变换了加工基准，因此零部件的钻孔精度相对较低，一般是一些小型的家具企业在使用。单排钻的形式通常有水平单排钻、垂直单排钻，以及万能单排钻。如图 6-29 所示。

图 6-29 单排钻

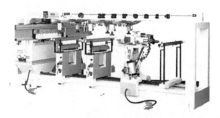

图 6-30 多排钻

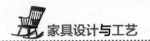
② 多排钻。

在实际生产中，板式家具零部件的钻孔一般采用多排钻来完成，以此保证钻孔精度和产品质量。多排钻钻座上的钻头间距为32mm。多排钻的排钻钻座数量一般由 3 ~ 12 排，如果有特殊要求或排座数量较多时，也可以采用上下部配置的垂直钻座，这要根据生产的需要和加工精度的要求。生产中常见多排钻的钻座数量为 3 排、6 排、8 排等，如图 6-30 所示。

8. 空芯细木工板生产工艺

用木料、刨花板或中纤板按一定的规格锯成具有一定厚度的木条后做成木框，然后制作成空心木框。至于中间是否放置木条可自由决定。制成木框后，两面涂胶，上下复盖胶合板等，通过冷压或热压后而成。

将涂过胶的小单板条板材成垂直排列，再放置一块相同厚度的具有一层单板条的大单板，并且互相错开排放，并重复多次直到规定的厚度为止。再对这种混合坯子进行冷压胶合，然后进行干燥。对于干燥后的板坯按板芯要求的厚度顺着板材纤维方向锯开并将其拉开，用横向方材在两个板条间撑住，纵横向都要与连接物相连接，在其上、下面覆盖单板、胶合板等，空芯细木工板即制作完成。

6.2 板式构件结构

6.2.1 固定连接件结构

紧固连接是利用紧固件将两个零部件连接后，相对位置不再发生改变的连接。它是板式家具的主要连接形式。

常用的连接方式有偏心式和螺旋式。

1. 偏心式

偏心式的原理是利用偏心螺母结构将另一板件的连接端部拉紧，从而把两板连接在一起，它用于两个相互紧靠板件的连接，如图 6-31 所示。偏心连接件一般由偏心轮、拉杆、预埋件三部分组成。偏心轮直径有 $\phi15$，$\phi12$，$\phi10$ 几种规格，常用的为 $\phi15$，如图 6-32 所示。

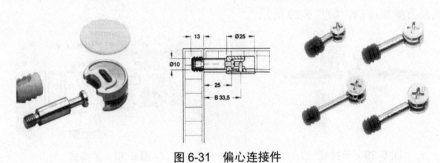

图 6-31　偏心连接件

图 6-32 三合一偏心连接件规格

2. 螺旋式

这种连接方式是利用专用锥形螺钉从上至下插接，并依靠斜面结构使之扣紧。用于两个相互板件的连接，其尺寸参数与偏心件基本相同。

6.2.2 活动连接件结构

活动连接是指将两个零部件连接后可以产生相对位移的连接。常用的连接件有铰链、抽屉滑道和趟门滑道等，如图 6-33 所示。旁板与门的连接以铰链中的暗铰链为主，也可以通过合面连接。

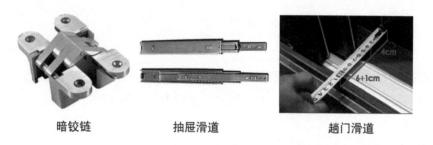

暗铰链   抽屉滑道   趟门滑道

图 6-33 活动连接件

板式家具生产中，比较常用的暗铰链有直臂、大曲臂和小曲臂之分，分别适用于全盖门、嵌门和半盖门。板式家具的门除采用转动开启方式外，还可用平移方式开启，如图 6-34 所示。转动方式可用门头铰或趟门滑道。门道主要由滑轮、滑轨和限位装置组成。图 6-35 所示为板式衣柜的滑轮装置。

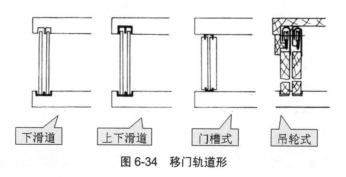

下滑道   上下滑道   门槽式   吊轮式

图 6-34 移门轨道形

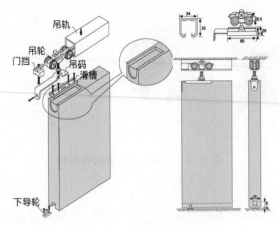

图 6-35　衣柜的滑轮装置

6.2.3　其他连接件结构

板式家具的其他连接还包括半固定连接。半固定连接一般用于搁板与旁板的连接，或是挂衣杆与旁板的连接。当然，半固定连接还可用于玻璃层板与旁板的连接。

6.3　详解板式家具生产工艺

板式家具生产工艺流程为：开料→加厚→铣型→排钻→封边、修边、修色→灰工→贴纸→底漆→干砂→面漆→安装→包装。各工厂操作方法有所不同，但大致流程相同，如图 6-36 所示。

板式家具生产工艺重要流程具体分析如下。

1. **开料**

1）按指定板材用料（包括板材厂家、品牌、材质环保等级）；

2）按图纸设计要求施工，合理用料；

3）确认板材质量，含水率在 12% 以内，无变形、分层，饰面无碰划伤，无斑痕，无色差；

4）板料精切后的长度尺寸要求：1m 以内为 ±0.5mm，1m 以上为 ±1mm，对角线可有 2mm 以内误差；抽屉面、门板料无大小头，长宽尺寸在 ±0.5mm，对角线在偏差1mm 内；

5）开料时无划线锯移痕，两面无烂边、烂角，操作时平拿平放无碰划伤；A 类板件（门板、抽面、台面）不得有烂边烂角，B 类板件烂边烂角不得超过 1mm，但后工序施工时必须正确选择正反面。

2. **加厚**

1）按技术图纸施工，粘合到位无裂缝，内部无溢胶，表面清洁干净，无胶污染。加厚后产品平整无凹凸，反面加厚条错位不超过 1mm；

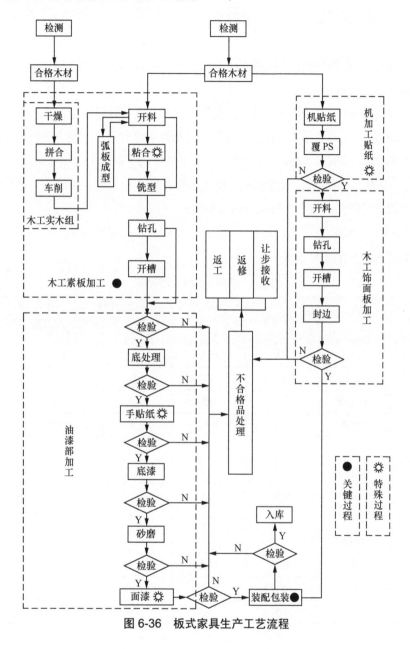

图 6-36　板式家具生产工艺流程

2）所加工板材无划痕、压痕、无胶水留挂；

3）加厚板材的直钉、马钉定位准确，既牢固又不损伤刀具；

4）钉空心框架时，框内的骨架填充板件要根据排钻图放在排钻位置上，以防止钻位落空及折断钻头；

5）压弧形床屏等异形板件时，选模准确，并要对表面凹凸不平、破损的冷压模进行修

补或更换；

6）背加厚后表面平整，无凹凸开裂现象。

3. 铣型

1）按图施工，在铣型前选用正确的刀具、模板，确保锣形后的规格、形状与图纸或样板相符，误差为 ±1mm；

2）施工时要注意分清板件的尺寸、正反面、左右方向，保证施工正确；

3）铣形时进刀退刀要用力均匀，平稳到位，板件边缘要平滑顺畅，不出现波浪形、凹凸不平、边角崩裂、缺口、缺角、铣型不到位等不良情况（程度上为 ±0.5mm），槽位宽窄深浅适合，用背板、桶底板、装饰铝线、玻璃等配件插入测试时，不松动，不偏紧，装配时不会因太松而易脱落，也不会因太紧而装不进去；

4）铣型板件应流畅、平滑，无名显跳刀痕、缺口，棱角线条均匀一致。

工件允许的公差范围见表 6-1。

表 6-1 工件允许的公差范围　　　　　　　　　　　　　单位：mm

工序	公差点	单件公差	批量性同时尺寸公差			
			面板	中框	侧裙	台脚
裁准	长度	0.5	±1	±1	±1	±1
做榫	角度	0	0.3	±0.3	±0.5	±0.5
	吻合度	0.3	0.5	0.5	0.5	
锣线	宽深度	0.5	±0.3	±0.3	±0.3	±0.3
	直线度	0.3	0.3	0.3	0.3	0.3
锣槽	宽深度	0.5	±1	±1	±1	±1
钻孔	偏差	0.5	±1	±2	±1.5	±2
	直径	1	+1	+1	+1	+1
定厚	宽厚度		±0.5	±1	±1	直角平面
凸榫	长宽厚	0.1	-0.3	-0.3	-0.3	
凹槽	长宽厚	0.1	+0.2	+0.2	+0.2	
车床	直径	0.5				

4. 排钻

1）按图施工，分清正反面，质量好的面为正面，所加工板件无碰划伤；

2）加工板件孔位差 < 1mm，孔径差 < 0.5mm，孔深 < 0.5mm；

3）排钻时板件放置平衡端正，孔位不歪斜、不烧焦、不开裂；

4）配对工件分清数量和长宽尺寸，相近的注意方向，打孔后产品无钻爆，无废孔，孔烂边 < 1mm。

5. 封边、修边、修色

1）所有封边带无异色、刮花，封边平滑，封边后无脱胶、鼓泡、假粘等不良情况；

2）封修边时不允许损坏饰面，无划痕、碰伤；

3）封边方向要正确，不多封，不少封，不错封；

4）人工修边后手感光滑无毛刺，修色范围在 1mm 以内，颜色与饰面基本一致。

6. 灰工

- 刷封固底：按指定油漆和比例调配，刷涂丰满不漏刷；
- 补洞：用原子灰将坑洞、抢钉眼、碰烂，补平补实。切勿用猪血灰代替；
- 批灰：刮灰平整均匀，刮满刮尽不漏刮，充分起到填充而节约油漆的作用；
- 打磨：打磨平整光滑，线条流畅，死角要打磨到位；分清产品部件边与面的重要与次要位置、硬装与拆装、见光与不见光，根据不同部位重点处理。

7. 贴纸

1）按图纸要求和指定的纸供应商提供的用料施工，包括纸张种类、颜色、木纹方向等；

2）在贴纸时调试的胶水干净无渣子，板面干净无灰尘，涂胶适量均匀；

3）贴纸无飞边、纸皱、空泡、异色、胶粉、污染等不良现象；

4）包边成形的板件边缘应平滑直顺，不出现隆起、破裂、翘起等问题。

8. 底漆

1）按指定厂家、品牌油漆施工；

2）按厂家规定正确调配油漆，同时要根据不同的气温、湿度调试涂料，采用适当的配比；

3）喷涂均匀、无流挂，无漏喷、气泡、粘坏等不良现象；

4）有色底漆喷涂均匀，不透底，并注意严格对照色板。

9. 干砂

1）干砂必须在底油补灰干透之后方可施工；

2）按规定使用砂纸，由粗到细：320#—400#—600#；

3）产品打磨后平整光滑，线条流畅，死角打磨到位，表面无明显砂机印、砂印、流挂等不良现象；

4）对异型板件、槽位、孔位、夹角位处不能多磨、漏磨、粗糙，角位要平顺。

10. 面漆

1）使用指定厂家、品牌油漆；

2）按厂家规定正确调配油漆，同时要根据不同的气温、湿度调试涂料，采用适当的配比；

3）在面油喷色过程中，操作员必须用经过确认的色板随时进行核对，严防不同批次之间、同批产品之间及不同施工人员之间出现色差、哑度不同的情况。同时要保护好色板并定期（3个月）更换，不要曝晒、弄脏、划伤、损坏色板，不同颜色的产品不能同时在同一喷房施工；

4）喷涂均匀，流平性良好，漆膜丰满，可视面要求手感平整光滑，光泽度达标，无橘皮、

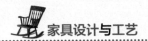

流挂、粒子、雾面等不良现象；

5）要定期清洗清洁面油房的水帘机、水池、天棚、墙壁等，并随时保地面干净湿润。

11. 安装

1）在装配前要将工作台、工作架等清理干净，并用珍珠棉、纸皮或发泡胶等进行铺垫，不能有螺钉等配件、脏物及硬物，以避免损坏板件；

2）所有的五金配件必须合格，不能有生锈、虚焊、飞溅、镀膜剥落、划伤、碰伤等问题；

3）安装紧固性配件要求如下。

• 要求自攻螺钉、螺钉、拆装件、木榫、塑料胶子等配件必须规格准确，牙纹规则，无生锈、断头、牙纹不顺、旋扭不进等不良情况；

• 装配的位置准确，垂直有力，锁具装稳固到位，外露尺寸符合要求；

• 装配时不锁穿板面，不歪斜，不松动，不滑牙，不漏锁；

• 敲入板件的五金或塑胶配件必须正确够数，不敲错、不漏敲、不歪斜、不敲坏板件，装完配件的板件在叠放时必须隔离，避免压伤板件。

4）安装功能性配件要求如下。

• 要求路轨、锁、抽手、门钩、床钩、锣杆、升降架、油压吊撑、蝴蝶结、合页等配件合格实用，牢固有效；

• 装配时前后左右、高低上下的方向及位置准确，打开关闭、拉出推进、升降、旋转时牢固安全且滑顺好用；

• 装路轨时，路轨平行滑顺，桶面之间收口一致，误差在 1mm 内，桶面与台面、侧板之间无摩擦，无碰撞；

• 装锁时，对位准确，紧固端正。锁条松紧适度，避免锁扣不住或锁脱开。

5）安装装饰性配件要求如下。

• 要求铝线、铝条、铝管、装饰线、装饰板等配件美观协调，规格尺寸、安装位置符合工艺要求，表面无划伤、破损、凹位、锈斑等；

• 安装时配件与槽位、孔位及产品的表面必须吻合、紧贴牢固、方向正确、接头处平整光滑、胶水适量不外流；

• 敲打时用力适当，确保配件表面光滑亮泽，不砸伤、刮伤、划伤、碰坏板件表面。

6）在组装玻璃门、趟门、铝框门等施工过程中，要求内镶的玻璃、玻璃镜、双面板、亚克力板等牢固不松动，连接处接缝紧密，表面平整光滑，边角不刺手，整体结构合理稳固，胶水适量，外流的胶水要擦干净。

7）烤玻璃钢饼前，要先检查钢饼，要求型号符合，牙纹标准，表面无划伤、凹位、缺口等。烘烤时位置准确，胶水适量，烘烤时间 2 ~ 4 分钟。做到不歪斜，无汽泡，不脱胶，坚固稳定。

8）组装成品允许的尺寸公差见表 6-2。

表 6-2　组装成品允许的尺寸公差

检查项目	检查内容				公差范围
外形尺寸	长、宽、高				±5 mm
	对角线				±3 mm
底座	脚着地平稳性				±2 mm
邻边垂直度	框架	对角线长度≥1m			≤3mm
		对角线长度<1m			≤2mm
分缝	内嵌式	双合门	门与框架上下留缝		3mm
			门与框架左右留缝		1mm
			门与门中间留缝		3mm
		单门	门与框架上下留缝		3mm
			门与框架左右留缝		2mm
		抽屉	抽面与框架上下留缝		3mm
			抽面与框架左右留缝		2mm
			抽面与抽面留缝		2.5mm
		四门衣柜	门与框架上下留缝		3.5mm
			门与框架左右留缝		2.5mm
			门与门中间留缝		2mm
		镜子	镜子周边与框架留缝		1mm
	盖装式	门	门与框架平面间隙		≤2mm
		抽屉	抽面与框架平面间隙		≤1.5mm

12. 包装

1）在包装前必须用本批次包装的五金配件对拆装产品进行组装，核对配件是否准确并避免出现结构问题；

2）产品及产品部件合格后方能包装，将内部及表面的灰尘杂物清理擦洗干净。若发现产品或部件不合格，要及时告知现场管理或质检人员，绝不能对不合格品进行包装；

3）拆装产品部件的数量和颜色必须配套，数量准确，颜色一致，不能多包、少包、漏包或错包其他产品的部件，特别要注意左右对称，对于有方向的部件的搭配及颜色一致，绝对不能同边及同一套门板或桶面出现色差；

4）要求纸箱厂将切下的纸角与生产的纸箱一并送货，并于包装时加于纸箱内四角以加强保护；

5）在包装箱内四周及顶底面加发泡胶保护，尺寸依纸箱内空，不可太短或太窄；箱内空位必须用海绵或发泡胶填实，防止产品在箱内摇晃及碰伤；板件叠放包装时，板件之间必须加放珍珠棉或其他保护物进行隔离，并要与纸箱大小相同，以防划伤、压伤、碰伤板件；

6）对于需要贴产地标识、说明标识或品质标识的产品，粘贴的位置要准确统一，不能贴错、漏贴、乱贴，具体说明见表 6-3。

表 6-3 产品标牌粘贴位置

产品类型	标牌种类	粘贴位置
床	合格证	挡板后方右上角
	商标	床箱尾挡板右下角，从右到左8cm，从下往上2cm
衣柜	合格证	A包背板右上角
	商标	A包前围脚右下角，从右到左8cm，从下往上2cm
妆台	合格证	镜背板反面右上角
	商标	有围脚的就贴，从右到左8cm，从下往上2cm
床头柜	合格证	背板右上角
	商标	围条或底板右下角，从右到左8cm，从下往上2cm
书柜	合格证	背板右上角
	商标	围脚右下角，从右到左8cm，从下往上2cm
书桌	合格证	背板右上角
	商标	附柜围脚或底板右下角，从右到左8cm，从下往上2cm
电视柜	合格证	背板右上角
	商标	围脚或底板右下角，从右到左8cm，从下往上2cm
餐桌	合格证	拉条反面或台面反面
	商标	长拉条右下角，从右到左8cm，从下往上2cm

7）需要按技术部提供的资料准确粘贴《产品标识卡》；

8）五金配件封袋牢固不散落，对门钩、路轨等五金配件要用单坑纸包好方可与板件一同包装；

9）封胶纸必须对称美观，平整到位，紧密严实，不起皱，不脱落；

10）包装完成后，不能摆放太高，以防压坏变形或摔倒。

第7章
柜类家具结构与生产工艺

7.1 柜类家具结构与生产工艺概述

　　柜类家具和人们的工作、生活息息相关，其形状主要为立方体，材质一般为木制（包括纯实木、板木及板式）或铁制、钢制。一般情况下，柜类家具形体比其他家具都要高大，其主要作用是储藏和存放物品使用。根据需要，一般我们将柜类家具分为综合式、开放式和封闭式三种。同时，根据不同用途又将柜类的功能分为多种，如衣柜、橱柜、书柜、床头柜、陈列柜、壁柜、文件柜等。因此对于不同的柜类功能，家具设计就必须适应其功能需要，也即是为需求而设计，同时又将美观和功能完美地结合起来。

　　在日常使用中，人们几乎不与柜类家具长时间直接接触，即使有所接触也是暂时性的。虽然柜类家具不与人体直接接触，但是在设计时柜类家具必须以人体活动范围制定尺寸标准，即以手所能触及到的最大限度来考虑柜类家具各部分的尺寸。一般来说，柜类家具的高度应该控制在 1.8m 左右比较方便。当柜类家具高于 2.1m 时，除非采用爬梯方式，否则一般人很难触及。对于柜类家具的宽度，一般也不宜过宽，通常以小于 1.8m 为宜。对于柜类家具的深度，一般以小于 0.6m 较为方便。柜类家具中，底板距离地面的高度应该根据脚部的形式而定，如采用包脚，即使采用带有底望板的结构时，其底板距离地面的高度应不小于 5cm。如果脚部采用亮脚，其家具的底板距离地面的高度应不小于 10cm。

　　可见，准确掌握柜类家具的尺寸至关重要，针对不同的储藏和存放物品的柜类尺寸，家具设计首先应以满足柜类家具使用功能的基本要求，否则就会让设计脱离实际需求。

7.2 柜类家具结构

7.2.1 柜类家具的基本形式

　　柜类家具是指以木材、人造板或金属等材料制成的各种用处不一样的柜子。常见的柜子种类如下。

1. 衣柜

衣柜分为小衣柜和大衣柜。小衣柜是用于挂短衣及存放小件衣物的柜子。一般来说，小衣柜柜内的挂衣空间其深度不小于55cm，挂衣棍上沿到底板内外表间隔不小于90cm。大衣柜则主要用于挂大衣及存放大件衣物的柜子。一般，大衣柜柜内的挂衣空间深度不小于60cm，挂衣棍上沿到底板内外表间隔不小于160cm，如图7-1的左图所示。从目前趋势上来看，衣柜设计更具人性化，市场上开始流行整体衣柜概念，无论是美观性还是实用性都远远超过传统衣柜，如图7-1的右图所示。

图7-1 衣柜

2. 橱柜

橱柜是安装在厨房的柜子，具有存放餐具的功能。传统橱柜通常采用花岗石、大理石或瓷砖作为饰面，如图7-2（a）所示。随着橱柜设计与工艺的完善，目前市场上多为整体橱柜，表面装饰多为各类板材、人造石和各类漆面，无论是效果上还是功能上，都比传统橱柜要强很多，如图7-2（b）所示。

（a）

（b）

图7-2 橱柜

3. 书柜

书柜是放置书本、刊物等物品的柜子，多放置于书房，如图7-3所示。

4. 床头柜

床头柜一般放置于床头，一般是成对出现，用于存放零散物品，如图7-4所示。

5. 食物柜

食物柜和橱柜的功能差不多，都是放置食物、餐具等物品的柜子，如图7-5所示。

图7-3 书柜

图7-4 床头柜

6. 电视柜

电视柜是放置影视设备及存放物品的多功用柜子，在其下面多有抽屉或格子，如图7-6所示。

图 7-5　食物柜

图 7-6　电视柜

7. 陈设柜

陈设柜是摆放工艺品、纪念品及花草等物品的柜子，如图 7-7 所示。

8. 行李柜

行李柜是放置行李箱包及寄存物品的低柜，多见于酒店，如图 7-8 所示。

9. 文件柜

文件柜是放置文件和资料的柜子，多见于办公室，如图 7-9 所示。

10. 试验柜

实验柜是试验室用于试验、剖析的柜子。多见于学校、医院及研究所等，如图 7-10 所示。

随着中小户型的日益增多，柜类功能区分不再明显，一柜多用的现象也很常见。但无论是何种柜子，设计均应以人体工程学为指导原则，偏离该原则即与市场脱节，实用性将大打折扣。

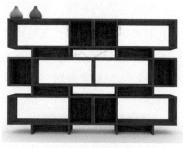

图 7-7　陈设柜

图 7-8　行李柜

图 7-9　文件柜

图 7-10　试验柜

7.2.2 旁板与顶板（底板）的接合

柜类家具（以衣柜为例）的柜体框架由顶板、低板、左外侧、中侧、背板等结构部件构成，如图 7-11 所示。而活动部件如门、抽屉和搁板等则属于功能部件。

柜类家具的门、抽屉以及搁板都要与旁板连接，所以这里可以运用 32mm 系统（该系统在第 6 章有介绍）将五金件的安装纳入同一个系统，然后在旁板上预钻孔。

根据用途的不同，预钻孔又可分为结构孔和系统孔。结构孔主要用于连接水平结构板，系统孔主要用于所有 32mm 系统五金件，如抽屉滑道、铰链底座以及搁板支承等的安装。可见，预钻系统孔在实现旁板通用的同时，不论怎样配置门和抽屉，都可以找到相应的系统孔用以安装紧固螺钉。除此之外，还可实现门与抽屉的互换以及门、旁板和抽屉的标准化、系列化。

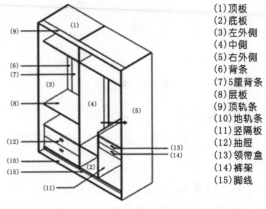

(1)顶板
(2)底板
(3)左外侧
(4)中侧
(5)右外侧
(6)背条
(7)5厘背条
(8)层板
(9)顶轨条
(10)地轨条
(11)竖隔板
(12)抽屉
(13)领带盒
(14)裤架
(15)脚线

图 7-11 柜体的结构及组成

7.2.3 背板的装配结构

1. 背板的结构

背板是一种简单的柜类家具零部件，同时也是一个重要的、不可忽视的结构部件。如果背板的设计及装配结构不当，轻则产生翘曲变形、引起离缝，重则导致脱落，家具质量将受到影响，从而严重影响正常使用。

所以，虽说背板是一种简单的柜类家具零部件，但对于其安装结构也必须认真设计。背板的一个基本要求是，既可以反复拆装，又可以牢固地固定在一定的位置上。一般来说，在不可拆的柜体上，背板主要是用钉子直接钉在柜体后的门口内，然后在其四周打钉。也可在顶板及两侧的旁板内开槽，然后将背板从下面插入，仅在与槽口内侧平齐的底板或固定不动的中部搁板上打钉固定。二者的共同特点都是不可以反复拆装，如图 7-12 所示。

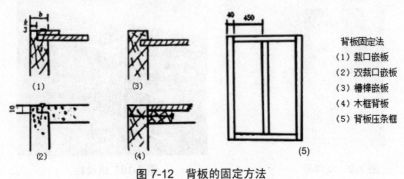

背板固定法
（1）裁口嵌板
（2）双裁口嵌板
（3）槽榫嵌板
（4）木框背板
（5）背板压条框

图 7-12 背板的固定方法

2. 背板的厚度

下面以衣柜的背板为例进行讲解。

通常，衣柜背板的厚度有 1.8cm、0.9cm 以及 0.5cm 三种，下面从背板的稳固、间隙以及防潮等三方面来分析衣柜背板厚度应以多少比较合适。

（1）1.8cm

● 稳固：1.8cm 厚度的衣柜背板，除背板本身较厚外，五金配件之间的连接也比较稳固，这也让衣柜显得更加稳重和厚实。当然，其稳固性及承重力也是最强的。即使在上面放许多重物，衣柜背板也不会发生变形。

● 间隙：1.8cm 的衣柜背板所占用的空间比较大，这样会导致原有空间的占位发生突出的现象。因此，相比 0.5cm 和 0.9cm 厚度的背板，1.8cm 的衣柜背板厚度更加受限制。

● 防潮：在防潮性能上，因为潮湿都是通过湿气慢慢侵入的，而非直接泡在水里，因此 1.8cm 厚的衣柜背板并没有因为其厚度的增加而使防潮能力优于其他的厚度。如果采用其他的防潮方法，如在墙壁加刷防潮漆或在背板板材上加防潮棉等，虽然空间占用会适当减少一点，但会造成衣柜内部深度的缩减。

（2）0.9cm

● 稳固：实际使用发现，0.9cm 厚度的衣柜背板其优点包括：一是承重力足以支撑顶柜和各个层板的压力；二是可以保证衣柜的稳固性；三是能预留更多的空间；四是不会造成衣柜使用面积变小；五是整个衣柜变得比较坚固。

● 间隙：0.9cm 厚度的背板是衣柜比较常用的尺寸。这主要表现在：一是 0.9cm 背板的厚度比较适合开槽；二是其对于与墙壁留空隙所起到的作用比较好；三是背板占据的衣柜空间不会很大；四是其防潮性能更佳。

● 防潮：0.9cm 厚度的衣柜背板除了更加牢固外，还可以在节省出来的空间里做好防潮工作，比如加上防潮棉等，以保证更好的防潮性能。

（3）0.5cm

● 稳固：0.5cm 衣柜背板的稳固性是相对的，当衣柜长度大于 2m 时，背板相应受力就过大，于是容易出现变形或折断的现象。当衣柜长度在 1 ~ 2m 之间的尺寸时，其稳固性相对比较稳定，背板不易变形或折断。

● 间隙：虽然 0.5cm 的衣柜背板可以留出很多的空隙，但是其厚度始终过于单薄，无论是在衣柜背板的开槽，还是从产品的整体稳定性来看，0.5cm 的背板都无法承受衣柜之重。

● 防潮：在防潮性能上，0.5cm 厚度的衣柜背板基本可以满足使用。不过，如果是在南方多雨的季节，还是会对板材的防潮性能造成一定的影响。

通过对比分析，0.9cm 厚度的衣柜背板无论是在稳固性还是防潮性能上都优于其他两种厚度的背板。

7.2.4 搁板的安装结构

搁板是固定在墙上或在柜内用于安放物件的板，搁板也叫作层板，如图 7-13 和图 7-14 所示。

搁板的用材一般包括刨花板、细木工板和中纤板等实心覆面板，其外轮廓尺寸应与柜体内部尺寸相吻合。根据柜体的连接结构，搁板分固定搁板和活动搁板两种。固定搁板属于箱框中板，其常用的连接方式包括圆榫、连接件、直角多榫和槽榫。圆榫、连接件用于板式搁板，直角多榫和槽榫用于拼板。活动搁板常用的连接方式包括活动搁板卡、

图 7-13　固定在墙上的搁板

图 7-14　柜内置物搁板

活动搁板销、木节法以及木条法等。在使用活动搁板时，根据实际需要可以随时拆装，也可以随时变更搁板的安装高度。

对于固定在墙壁上的搁板，当搁板过重或放置物品过多时，最好将搁板安装在承重墙上。如果是轻体砖的非承重墙，也可直接安装搁板；如果是新建的轻体墙，则需要用衬板支撑后再安装搁板；如果是其他较不结实的墙，则不建议安装搁板。

搁板具体安装方法如图 7-15 所示。

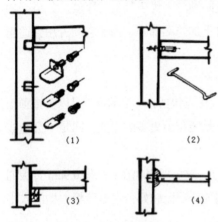

图 7-15　搁板的安装结构

7.2.5 柜脚架的结构

脚架作为支撑柜体的"顶梁柱"，其重要性也就不言而喻。脚架有固定的，比较结实；有带轮子的，方便移动；有能调节的，便于调平。材料也是多种多样，有不锈钢件冲压件、有铝合金铸造铸件、有工程塑料注塑。形状有方的，也有圆的，可以说是形形色色。

脚架按形式分为装脚、包脚、亮脚以及旁板落地式柜脚 4 种。

1. 装脚

装脚是一个独立的亮脚，装脚可用金属、塑料、木材制作，用木螺钉安装在底板上。装脚不需要连成脚架。单独加工的装脚较少使用，其强度也低，且没有圆形的脚。当装脚比较高时通常将装脚做成锥形，如图 7-16 所示。

装脚的种类跟底板的接合方法有两种，一是用金属连接件接

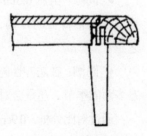

图 7-16　装脚结构

合，用金属套筒和金属板接合。另一种是榫接合在脚的
上端开榫头，使之与底板的榫眼接合。

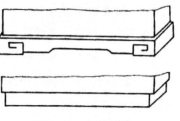

图 7-17　包脚结构

2. 包脚

包脚也叫作箱框型脚，属于箱框结构，一般是由 4
个板接合而成，如图 7-17 所示。包脚式的底座是比其
他类型要承受更巨大的载荷的，因此它通常用于那些存
放衣物、书籍和其他较沉重的大型家具。包脚式底座的缺点是不便通风和清洁清扫。

包脚的长宽尺寸需要与柜体相同，其可大可小，以构成层次感。包脚也需要先构成脚
架再与柜体连接。为了柜体放置在不平的地面上时能保持稳定，需要在脚底中部切削出
2 ~ 3cm 的缺口，同时这也有利于包脚空气的流通。

包脚型脚架的基本接合结构包括以下三种。

1）包脚前角为圆角的接合方法，可以采用穿条接合，也可以采用圆榫接合。

2）前角采用全隐燕尾榫接合，后角采用半隐燕尾榫接合。

3）包脚框架的角接合可以是直角接合，也可以是斜角接合。

3. 亮脚

亮脚的形式是在构成单独的脚架之后，再与柜体连接，如图 7-18 所示。亮脚根据其脚
形是否弯曲，可分为弯脚亮脚和直脚亮脚两大类。弯脚的目的是使家具的造型显得轻快，
因此常将其藏于四角之内。直脚上大下小，并向外微张，有一定的锥度。这样的造型让人
感觉既活泼又稳定。直脚还可分为方尖脚和圆锥脚，其脚架的基本接合结构包括跟牵脚档
采用直角肩榫接合，这种结合结构多用于凳、几、柜等家具的脚架接合。同时，其脚架的
基本接合结构还包括在脚的上端开有直角双肩榫，以便直接跟底板下面的直角榫眼接合。

4. 旁板落地式柜脚

柜体的旁板向下延伸而形成的柜脚，即称作旁板落地式柜脚。为了提高柜体的强度及
美观性，可在靠脚处加塞角。同时，为了便于在地面上稳放，还需要在旁板落地处加垫，
如图 7-19 所示。

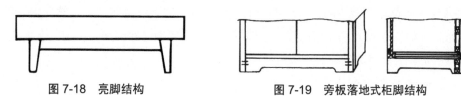

图 7-18　亮脚结构　　　　　图 7-19　旁板落地式柜脚结构

7.2.6　抽屉的结构

这里要介绍的抽屉结构指的是拆装式抽屉结构。

1. 拆装式抽屉的组成结构

拆装式抽屉（见图 7-20）的组成结构包括屉面板、屉侧板、屉后板和屉底板。

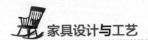

2．抽屉的连接结构

由偏心连接件、木榫以及自攻螺钉组成的全拆装结构。该结构是用偏心件连接屉侧板与屉面，用自攻螺钉连接屉侧板与屉后板；由偏心连接件以及木榫组成的全拆装结构，屉侧板与屉面板、屉后板都用偏心件连接。从用料上分析，第一种结构更能降低成本。抽屉的结构如图 7-21 所示。

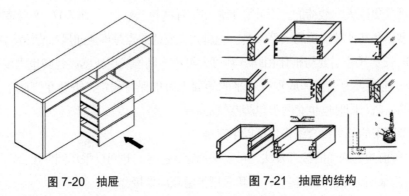

图 7-20　抽屉　　　　　　　图 7-21　抽屉的结构

7.2.7　门页结构及接合方式

柜类家具一般为板式拆装结构，其造型一般比较单一，样式也比较少，除了其边部线型能体现柜类家具有所变化外，很少有更多的体现。门作为柜类家具的"门面"，是柜类家具造型变化的主要表现元素。

因此，在柜类家具的生产中人们常常"借门发挥"，通过柜门的结构、形式、色彩以及纹理的变化来表现出各种形式，以产生不同的居室效果。本章内容也主要以介绍柜门为主。

柜类家具的门形式多样，可以按材料区分，可以按外观形式区分，当然也可按门的安装结构特征和开闭形式来区分。

1．按材料区分

柜门可以按材料分为木质门、玻璃门、金属门等。木质门是指所有用木材或木质材料制成的门，可以是实木门，可以是板木结合的门，也可以是人造板做出的门。玻璃门则是用各种各样的装饰玻璃做成的门，玻璃门的框架一般由木条或金属做出，然后内镶玻璃。玻璃做成的各种门包括开门、移门等。金属门大多以金属型材做框架，再与人造板或玻璃结合而成，如铝合金框架门。

2．按外观形式区分

柜门按外观形式分为板式门、框式门以及异形门。板式门的材料一般包括实木拼板、中纤板、刨花板等，其表面一般贴薄木或其他饰面材料，再经过封边处理加工而成。这里的框式门指的是传统的框架镶板结构的门。框式门的框架一般用实木或金属做成，镶板材料多种多样，可以是实木拼板，可以是中纤板，也可以是玻璃。无论是哪种材料，都能获得与实木镶板一样的外观，而且其稳定性更强。异形门指的是曲面的或部分凸突门，以及平面形状不规则的门。

3．其他形式

根据门的安装结构特征和开闭形式，柜门又可分为开门、卷门、翻门、折叠门、内藏门、滑动门等形式。

（1）开门

开门又叫作转动门，其特征是沿着垂直轴线开闭。柜类家具使用开门的比较常见。开门的门板可以固定在旁板的边缘，利用转动的原理进行关闭。

①开门的尺寸

开门常用铰链挂在柜体上。开门门扇的高度应尽可能大于宽度，这样可以使门扇不用过分受力。柜体上的开门门扇的宽度不宜过宽，否则家具需要的空间则相应增大。其界限一般为 70cm。

②开门结构与安装

按门边与旁板侧边的位置区分，开门又可分为内嵌门、半盖门和全盖门三种安装方式。内嵌门安装在两个旁板之内。半盖门盖过了旁板的一半，适合中间有搁板且需要安装三扇门以上的柜子。全盖门则基本上盖住了旁板。一般情况下，开门用杯状暗铰链来进行连接。杯状暗铰链的安装特点是便于拆装和调整，同时其隐蔽性也较好。杯状暗铰链安装方式的优点还体现在仓储和运输方面，因为钻孔后的门可以水平叠放着存放和运输，铰链可以方便地在现场安装。

③开门的铰链数量

门的宽度、高度和门的材料质量决定了每扇门所需的铰链数量。一般情况下，出于稳定性方面的考虑，铰链之间的距离应尽量大一些，如图 7-22 所示。

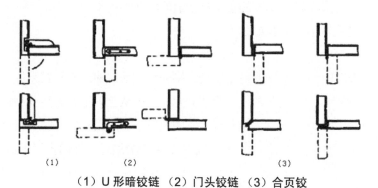

（1）U 形暗铰链　（2）门头铰链　（3）合页铰

图 7-22　门的开启程度与铰链的关系

（2）卷门

卷门又称为百叶门，是能沿着弧形轨道卷入柜体隐藏起来的帘状滑动门。打开卷门时，其本身被卷入柜体内部，这样不仅不影响柜体前侧的使用空间，而且还能使柜体全部敞开。

采用卷门这种封闭形式的柜类家具，其营造的特点是能让柜子有更加朴素并且有整洁的正面，如图 7-23 所示。

① 卷门制作与安装要求。

图 7-23　卷门

柜子卷门的材料主要有塑料、木质两种。塑料卷帘是用塑料异型条相互联结组成的，其色彩比较丰富，用户可根据喜好进行选择。虽说塑料异型条色彩丰富，但也要和整个卷帘构成一个整体。用许多小木条排列起来，并在帆布、尼龙布或亚麻布上胶贴，由此而加工成了木质卷帘。一般木质卷帘对小木条的要求较高，因为只要其中一根变形或歪斜，就将妨碍整个卷门的开关。小木条的厚度通常为 1 ~ 1.5cm，且其必须没有节疤，纹理通直。一般来说卷帘的滑动槽都在实木上铣制，而不是在刨花板上。卷帘通过滑槽从背板处装入柜体，以便于再次将其取出进行柜体修理。当然，这一切要在柜体各部分全部制成胶合后。在柜体的前侧，对于卷帘滑入部位应该用一块活动的挡板掩盖。卷帘在拐入柜体处开始弯曲并向内滑动，当垂直向上滑动的卷帘达到最大的开启位置时，滑槽应该有止位装置，否则卷帘会有损毁的危险。

② 卷门结构与安装方法。

按活动方向，卷门可分为水平式卷门和垂直式卷门。水平式卷门要在底板和顶板上铣出的沟槽内，沿旁板滑入背板的位置。这样一来，底板的铣槽就承受了卷帘的全部重量。同时，为了减少摩擦以及使滑动更加轻便，应在底板滑槽内加装塑料滑轨。垂直式卷门是在柜体旁板上铣制的沟槽内滑动的，其开启方法有上滑式和下滑式两种。卷帘在柜体上的存放方法也有两种：卷帘在柜体后部沿背板滑动。这种方法的缺点是会给柜体带来很大的损伤；在柜体的上部或者下部制造一个存放卷帘的储藏室。这种方法的缺点是影响柜体的高度方向。并且，柜体上部或下部的螺旋形槽道的弯曲半径不宜太小，同时为了使卷门能够灵活开关，槽道要加工得足够光滑。

（3）翻门

翻门也称作摇门，它的关闭特点是沿着水平轴线而动。翻门按其安装位置和开闭方向可分为上翻门和下翻门。上翻门的上侧板边固定，门板从下向上方翻转开启；下翻门的下板边固定，从上端向下转动开启，可开到水平的位置上。翻门在打开时，其空间内的物品可以得到最充分展示。翻门多用于多功能家具中，可以利用翻门在打开的状态下，作为陈设物品、梳妆或写字台面用，如图 7-24 所示。

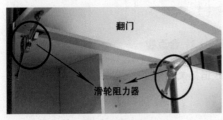

图 7-24　翻门

① 翻门的定位。

翻门必须安装定位装置，一是可以确保翻门在打开时的可靠性，二是确保翻门在打开时经受载荷的能力。在安装翻板吊撑、液压支撑或气动阻尼刹车筒后，可使翻门慢慢开启到水平位置，防止其突然向下开启。它们通常一端固定在翻门里侧，另一端固定在柜旁板上。下翻门的下面边部要作出型面，使之与搁板边部紧密连接，这样做的目的是使翻门在打开时与相连的搁板保持在同一水平。同时，为防止碰擦，门的下口要留有足够的间隙。并且门板越厚，要求间隙越大。对上翻门而言，则需要用气动高度定位装置或其他机械来保持打开后的高度。另外，还有专用的垂直升降门支撑、水平双折门支撑，可以变换出多种新式的翻板门。翻门关闭时，为使门扇保持关闭状态，通常还需要在里面安装磁门吸。

② 翻门结构与安装。

翻门的门板多固定在底板、搁板或顶板上，沿水平轴线向下或向上翻转开启。该转动结构与开门相似。对于翻门与柜体的连接可用专用的翻门铰链，也可用普通铰链。

③ 翻门尺寸与铰链。

考虑到铰链及定位装置的承重能力，翻板门的门扇宽度一般不要超过 95cm。门板上铰链的使用数量要根据门扇的重量、门扇的稳定性以及铰链的种类来确定。

（4）折叠门

折叠门也称作折叠式滑动门，其特殊之处是需要有空间存放门扇。折叠门配以专用的配件，其本身可以转动折叠，也可以在滑道中任意滑动，因而它提供了最佳的柜内空间。同时，折叠门可以通过一个导向轮将折叠门一端沿轨道滑动，同时与柜旁板相连，只需要轻轻一拉，柜内的所有空间即可敞开。折叠门的优点是：滑动轻盈，幅度较大，舒适方便，如图 7-25 所示。

图 7-25　折叠门

① 折叠门结构与安装。

安装折叠门一般会采用专用的折叠门配件。在业内，折叠门基本上统一的安装步骤是：将 L 型导向槽与顶板固定；把折叠门的两扇门翼用专用的部件装上铰链和其他配件；将整个折叠门处于打开的状态下，通过插销将带导向轮的导向部件固定在导向槽中。

② 折叠门的技术参数

一般来说，折叠门单个门扇的宽度从 20 ~ 30cm 不等，高度则从 100 ~ 180cm 不等。当柜体的顶板受到折叠门的承重时，其弯曲不应超过底板，并至少后退 5cm。需要提醒的是，折叠门门翼的全部重量由固定在旁板的铰链承受，顶板不需要加厚。

（5）内藏门

图 7-26　内藏门

内藏门又称作转动滑动门，它是类似于卷门结构的特殊滑动门。内藏门的优点是：可以提供最佳的柜内空间，不占用室内空间，单手可拉出推入，实用方便。内藏门适用于电视柜和音响柜等家具。还有一种内藏门类似于翻门，如图 7-26 所示。向上开启后，推入顶板下面的柜体内，为方便门在推入柜体后真正地隐藏起来而不影响整个柜体的外观效果，这种门常常还装有附门。对于两种不同形式的内藏门，分别有相应的滚珠滑轨与之相配用。

（6）滑动门

滑动门又称作移门、趟门、拉门或推门。滑动门只能在导轨上左右滑动，其常用于各种柜类和厨房家具。这种门最大的优点就是只需要一个很小的活动空间，并且当滑动门打开或关闭时，柜体的重心不会偏移，能保持稳定。其缺点就是它的开启程度只能达到柜体空间的一半，如图7-27所示。

图 7-27　滑动门

① 滑动门的材料

常见的滑动门有铝框门、玻璃门和木质门。铝框门和玻璃门比较轻巧，且在图案上有更大的发挥余地，因此具有一定的装饰效果。对小型玻璃滑动门来说，其上侧门边可插入顶板开槽内（上侧滑轨内要留有余地，以便门板的装卸），下侧门边可以直接在底板上嵌入槽轨内滑动。木质滑动门则比较厚重，且其占据的内部空间也较大。因其质量过重，为使滑动顺利，多采用带滚轮的滑动装置。因滑动门需要经常滑动的缘故，因此在选材时一定要选择坚硬牢固的材料，这样才不会导致门板歪斜或变形。

② 滑动门的尺寸

要使滑动门的滑动性能达到最佳的状态，就要使滑动门的门板宽度和高度相等，即滑动门的门板高度与宽度相等时，门边尤其是下滑动门边的滑动是非常轻便的。不过，对于高度较大的滑动门应采用上滑动导向装置。

③ 滑动门结构与安装

按门体的存放位置，滑动门可分为柜体内滑动门和柜体前侧滑动门。按导向类别，滑动门可分为单轨道滑动门和双轨道滑动门。单轨道滑动门一般采用单行道的滑道系统，这种形式适用于书架或其他搁架类家具。双轨道滑动门一般在两旁板之间滑动。双轨道滑动门指的是两扇门前后错开，分别在平行的两条滑道内左右滑动，以实现门的开闭。

滑动门可以采用清轨式滑动或辊轮式滑动，前者用于轻型门，后者用于重型门。在柜体上安装滑动门时，可采用专用的滑道系统，这种滑道系统可分为上滑动和下滑动。上滑动即在柜体的顶板上安装滑动槽，在下面的底板上安装导向槽。下滑动则与之相反。一般来说，滑动槽和导向槽的材料为铝合金和塑料。当然，材料的摩擦力越小越好，这样门扇便能轻快地滑动。在实际工作中，可以根据不同的柜脚设计以及不同门的形式，来选择不同型号的滑道系统，以便与家具的整体造型协调。一般来说，重型滑动门采用上滑动系统，同时还应安装止位装置。

以上6种常见形式的柜门，各自有不同的结构及使用特点。在设计、制造及安装中，都要做到尺寸精确、配合严密，以防止门板变形，保持形状稳定。同时，还要阻止杂质进入柜内。随着我国家具产业的转型升级和日益优化，如同其他家具一样，作为柜类家具的"门面"，柜门将会借助更多的科技含量，以及更好的五金配件，生产出更好的产品。

7.3　详解柜类家具生产工艺

对于柜类家具的生产工艺和流程，下面将以橱柜为例进行介绍，或许各工厂在生产细节上会有所不同，但整体流程是一致的，依次为选材→切割→开槽→封边→打孔→柜体组合。

1. 选材

选择好的板材是制造优质橱柜的基础。目前，市场上的橱柜企业一般选用贴面板和不锈钢板作为橱柜的箱体板材，其中以贴面板居多。贴面板的组成基材一般包括刨花板或密度板。它的特点是：质地坚硬，耐压、耐酸、耐碱，耐高温。如同其他家具一样，橱柜的环保要求也主要体现在板材的甲醛释放量。按照国家标准规定的检测方法检测，E1 级板标准甲醛释放量 ≤ 1.5mg/L，E2 级板标准甲醛释放量 ≤ 5.0mg/L。其中，E1 级板材可直接用于室内，E2 级板材必须在经过表面处理后方可允许在室内使用。

2. 切割

在选择材料之后，即进入板材切割的阶段。严格上来说，切割是生产橱柜的第一步。所谓切割，指的就是将整张选好的大块板材进行分割处理。在这个阶段中，用到的设备一般为电子开料锯。一般来说，开料只是第一个步骤，因为开完的板还要在下面的流程中继续被加工。不过，也有很多工厂的地柜背板一般就只有开料一个流程，开料之后就是成品。

3. 开槽

在橱柜的生产中，包括底板、侧板、拉条等在内的工件要进行开槽工序的加工。在橱柜的构成中，几乎都是用侧板和底板将背板夹住，为使得背板可以插入侧板，并稳固地放在底板上，因此要将底板和侧板进行开槽加工。在开槽这个阶段中，用到的设备主要是手工开槽锯，有的也叫作手工推台锯。在开槽过程中，为了能一次加工成型，开槽锯的锯齿一般选用和自己工厂所采购的背板厚度相同宽度的锯齿。在实际生产中，开槽的速度很快，一般对于有经验的工人来说，每人每天可以开上千件的板件，足够满足普通工厂的生产需求。

4. 封边

在橱柜的生产过程中，要进行封边加工程序的工件几乎包含了所有的部件。随着生产工艺品质的提高，已由以前封三边的部件改为现在的封四边。在封边这个阶段，主要使用的机器是双端铣边机（很多橱柜企业为了节约成本而省去了这道工序）。对板材铣边，目的是使板材的尺寸更加精确，以及将板材的四边修整得更加光滑平整。

5. 打孔

打孔是一道比较简单的工序，往往这也是最容易出错的一道工序，所以说这又是最关键的一道工序。各个板件之间的连接都要涉及到打孔这个工序，其中只要稍微有些偏差，就可能使得两个部件之间连接不上，甚至第三个部件也连接不上，从而造成前面的工序都做了无用功。在打孔这个阶段，主要用到的设备有三排钻、六排钻等。需要说明的是，六排钻并非是一个方向六排，而是上下四排，左右两排。这样可以一次性打系统孔和结构孔。

6. 柜体组合

柜体组合用到的材料包括木针和胶水。其组合顺序是，先用木针进行连接，然后将木针涂上胶水塞进板材上开好的孔里，再将几块板简易地连接起来，最后使用家具组合器从各个方面施加压力，这样柜体就宣告成型了。从结构上来说，这样制作出来的柜体是很稳固的。

橱柜生产工艺图（见图7-28）。

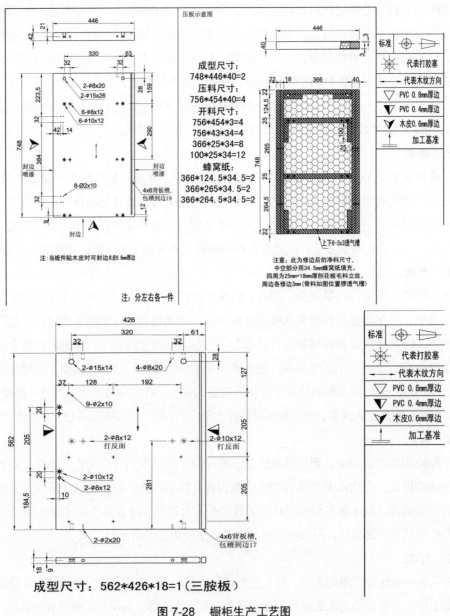

图 7-28　橱柜生产工艺图

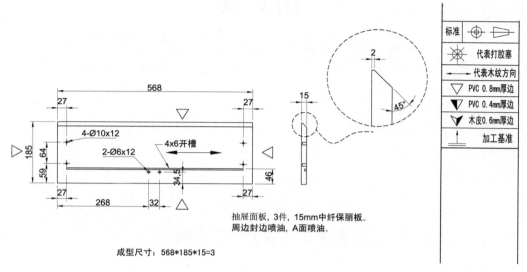

抽屉面板, 3件, 15mm中纤保丽板。
周边封边喷油, A面喷油。

成型尺寸: 568*185*15=3

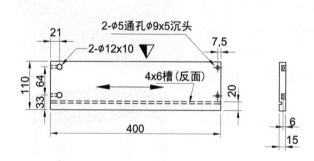

抽侧板, 分左右各3件, 15mm刨花保丽板。
封二长边。

成型尺寸: 400*110*15=6

注: (单位: mm)

图 7-28　橱柜生产工艺图（续）

第 8 章
桌台类家具结构与生产工艺

8.1　桌台类家具结构与生产工艺概述

相对于其他家具，桌台类家具和人体的直接接触较多。无论是工作、学习或者是生活中，人们都要与桌台类家具发生直接接触。因此，桌台类家具设计应与人体工程学相贴合。在长、宽、高以及造型方面，需要与其配套的坐卧类家具契合设计，对尺寸的把控较为严格。在我们日常生活中，常见的桌台类家具有写字台、会议桌、课桌、电脑桌、茶几和餐台等，如图8-1所示。

目前，随着计算机技术的进一步发展，桌台类家具的设计有了更多的突破，以及更加大胆的创新。一些实用、高效、小巧的电子产品与桌台类家具巧妙结合，使其功能得以进一步加大。可以说，电子产品与桌台类家具的的设计联系，在这一行业具有里程碑的意义。同时也要注意的是，它们之间

图 8-1　桌台类家具

必须是统一设计的家具组合，在尺度上也应该根据其用途及用户的身材体形来设计。

8.1.1　中式桌台

桌类家具种类繁多，可按形制及用途来分。方桌、圆桌、半桌、长桌等属于按形制划分；餐桌、书桌、茶桌、供桌、棋桌等则属于按用途划分。在应用上，桌台类家具的受用人群也可谓十分广泛。

在了解桌台类家具知识前，我们有必要对中国传统风格的桌台进行了解。下面以我国传统的中式餐桌八仙桌为例做介绍，如图8-2所示。

八仙桌一般指的是方桌，其四边长度相等，每边可坐两人，四边可围坐八人，与我国古代传说中的八仙人数相同，故称八仙桌。

据有关部门考证，八仙桌最早出现在辽金时代，于明清时期盛行。在明朝，八仙桌分为无束腰与有束腰两种形式，可以说当时其造型已基本完善。无束腰的桌面，其四腿则直接连接桌面；有束腰的桌面，其下部有一圈是收缩进去的。至清朝，大部分八仙桌都改制成有束腰的，在造型上则增加了很多的吉祥图案，不仅很是美观，而且做工也极为精巧。在我国古代，上至达官贵人、下至黎民百姓的家庭，均可见到八仙桌的影子。其一度成为很多家庭中最为显眼的家具。

当时八仙桌的普遍流行，从结构和用途上来分析，有着很大的必然性。一是八仙桌的结构简单、用料经济，而且实用。二是八仙桌结构牢固、形态方正、使用方便。种种因素，使得八仙桌成为当时人们的首选家具。

图 8-2　八仙桌

无论是古时还是在当代，桌台类家具的使用都很广，是工作、生活的必备家具。因此，加深对桌台类家具的了解就显得十分有必要。

8.1.2　桌台类家具材料

同其他家具一样，材料不仅是构成桌台类家具的物质基础，也是判定其材质属性的唯一要素。当今科学技术飞跃发展，家具用材也更加丰富。不过，表现在桌台类家具上，木质及一些天然材料仍是该类家具的主要用材。究其原因，是因为木材及天然材料可使人体感觉更为舒适。因此可以看出，桌台类家具的用材与人体对其的触觉反应是息息相关的。

1. 桌台材料及其特性

我们知道，人的皮肤与各种材料相接触时，这些材料的表面温度会刺激人的感觉器官，使人感到温暖或寒冷。这种现象被称为冷暖感。按照物理原因分析，冷暖感与材料的导热性有着密切关系。导热系数大的材料其触觉特性呈寒冷感，如玻璃、金属等均呈寒冷感；导热系数小的材料其触觉特性呈温暖感，如皮毛、布料等均呈温暖感。木材及其他木质材料的冷暖感则比较温和。

冷暖感除了和材料的导热性质有关外，材料的微观构造以及表面材料的厚度也对其有所影响。从日常生活中我们可以得知，表面光滑的材料比表面粗糙的材料要使人稍感寒冷。木材有良好的冷暖感，因此其常常被加工成单板粘贴在其他材料上面，从而对下层材料的冷暖感产生影响。有关试验表明，即使厚度仅为 0.1cm 的单板也对改变基底材的冷暖感十分有效。因此，在桌类家具当中，合理选择表面材料的厚度也是非常重要的。

2. 材料的温湿特性

材料通过吸湿性、解吸性的作用，直接影响材料周围环境温湿度的特性，称为材料的温湿特性。我们在使用桌台类家具的过程中，经常要接触桌面并形成微环境。微环境的温湿性是影响人体肤觉舒适性的重要因素。不同的材料具有不同的温湿特性。在工厂生产中，桌面材料应选择温湿特性比较好的材料，以增强人体触觉的舒适性。有关研究表明，木材、胶合板、刨花板、纤维板、石膏板以及石棉板的温湿特性比较优良。因此，在桌面选料时可以偏重于这些材料。而玻璃、金属以及橡胶等则是属于温湿特性比较差的材料。

当然，企业选择哪种桌面材料需要根据企业的实际状况和市场需求而定。这并没有一定严格的规定。

8.1.3 桌台类家具的分类

按功能分类，桌台类家具可分为桌、台和几。

一般来说，桌类家具是人们在坐着的状态下使用。人们在日常生活中常用到的桌类家具包括餐桌、办公桌、课桌、会议桌等。可以说，桌类家具是人们日常工作生活中不可或缺的一类家具。

台类家具是人们在站立或坐姿状态时所使用的家具。台类家具主要用于作业操作，如讲台、实验台、梳妆台、柜台等。值得注意的是，台类家具的台面高于桌面。

几具是人们在陈放物品时所使用的家具。在古代，几是人们就坐时的凭倚用家具。而在今天，几的这种功用可以说完全发生了变化，其已成为人们陈放物品、酌酒饮茶时不可或缺的家具。几按用途可分为茶几、凭几、炕几、香几、花几等。

1. 桌类家具的几种分类

在日常生活中，以木材、石块、金属或人造板等多种材料制成的桌几类家具，常见的种类包括如下。

（1）餐桌

顾名思义，餐桌是用来就餐的桌子。餐桌按材质可分为实木餐桌、板木餐桌、钢木餐桌、大理石餐桌等。一般，餐桌材质及形状的选用和主人及家庭的要求有关，多以方形餐桌为主，如图 8-3 所示。餐桌的选择应根据用餐区面积来判断：方形餐桌比较适合空间比较紧凑的居室，而圆形餐桌则比较适合空间比较宽阔的居室。除方形和圆形餐桌之外，还有一些小巧且不规则的餐桌，此种餐桌更适合两个人使用，增强了居室情调。另外，还有可折叠的餐桌，它的优点是在不使用时可以折叠起来，节省空间，为小户型提供了便利。

（2）课桌

课桌为学校家具的主体，供青少年学生使用。按制作材质主要分为实木课桌、橡塑课桌以及升降课桌这三类。

实木课桌在城市已不多见。在 20 世纪，特别是在农村

图 8-3 餐桌

地区，大多中小学均使用多人或双人的实木课桌。这种课桌结构粗糙，加工方便，材料主要为各种杂木。因实木课桌的课桌凳高度是固定的，现在大部分已被可调节的课桌取代。

橡塑课桌是经过机械模压成型的课桌椅家具，这类家具主要采用橡塑合金材料。橡塑课桌

多为固定结构，高度不可调节。其优点是材质较好，耐用轻便。

　　升降课桌就是可随意调整高度的课桌，其原理是通过桌腿的相关固件在滑轴之间上下调节，以起到调节课桌高度的作用。升降课桌主要为钢塑结构，桌面为三聚氰胺板，桌腿为钢管件，如图 8-4 所示。

图 8-4　课桌

（3）梳妆桌

以前梳妆桌为女性梳妆专用，现代都市中很多男性也

开始用护理品，梳妆不再是女性的专利。其放置的位置也由卧室改为浴室，使护理、化妆更为便利。

　　梳妆桌大多由实木及人造板材制造，一般会配备梳妆镜，可分为独立式和组合式两种。独立式的梳妆桌就是将梳妆台单独设立，其特点是变动灵活，装饰效果较好；组合式梳妆桌是将梳妆台与其他家具组合设置，这种方式多适用于空间较小的家庭，如图 8-5 所示。

图 8-5　梳妆台　　　（4）会议桌

　　会议桌按材质可以分为实木会议桌、人造板会议桌、钢木结合会议桌以及金属玻璃会议桌等。会议桌的尺寸根据会议室的大小而定。如果会议室面积较大，可以选择尺寸较大的会议桌，这样显得会议室的大气；如果会议室较小，则可以选择尺寸较小的会议桌，如图 8-6 所示。

（5）写字桌

　　用于书写、工作的桌子。如图 8-7 所示。

（6）折桌

　　可折叠的桌子，如图 8-8 所示。

图 8-6　会议桌　　　　　图 8-7　写字桌

（7）阅读桌

　　供阅读报刊杂志、文件书籍的桌子，如图 8-9 所示。

（8）茶几

　　茶几一般分为长方形、椭圆形和矩形几种，其材质也多种多样，有实木、板木、玻璃和金属玻璃等。茶几多为放在椅子之间成套使用，所以它的形式、装饰及所用材料、色彩等应该随着椅子的风格而定。茶几多见摆放于客厅，如图 8-10 所示。

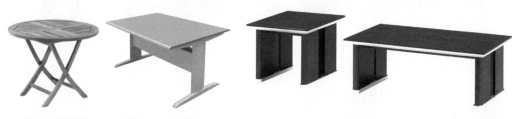

图 8-8　折桌　　　图 8-9　阅读桌　　　　　图 8-10　茶几

2. 茶几的分类

（1）木制茶几

这里所说的木制茶几指的是纯实木茶几。纯实木的天然材质让人能产生与大自然亲近的感觉，其价格也比较昂贵。木制茶几工艺精致、色调温和，适合与沉稳大气的沙发家具相配，如图 8-11 所示。

（2）玻璃茶几

玻璃茶几分为热弯玻璃和钢化玻璃两种。热弯玻璃的茶几全身均为玻璃，有优美的弧度外形。钢化玻璃简洁实用、典雅华贵。因为玻璃可以随意造型，因此茶几形状也可以多种多样，如方形茶几、矩形茶几、圆形茶几或其他形状的茶几，如图 8-12 所示。

图 8-11　木制茶几

（3）大理石茶几

大理石茶几的茶桌面板为精工打磨的天然石材，整体尊贵大方，如图 8-13 所示。有的大理石茶几装有隐形煲水的功能。其特点是，在看不到炉具的情况下，直接在指定范围内煲水，面板可在带水情况下工作，煲水控制系统完全智能化。

图 8-12　玻璃茶几

（4）藤竹茶几

藤竹茶几是采用藤条或是竹子编织而成的茶几。藤竹茶几显示出自然主义的倾向，风格沉静古朴，适合以木质的沙发或者藤质的沙发相配，如图 8-14 所示。

（5）香几

香几是为供奉或祈祷时焚香用的一种几。香几大多是成组或成对使用，也有单独使用的。香几的式样、材质也多种多样，或方，或圆；或高，或矮；或木造，或石造。当然，香几也并非为焚香专用，还可以摆放各式陈设、古玩、花草等，如图 8-15 所示。

图 8-13　大理石茶几

图 8-14　藤竹茶几

图 8-15　香几

8.1.4　桌台类家具的设计

桌台类家具的设计首先应该把人体的尺寸以及活动范围考虑进去。桌台类家具的优良设计体现于选材恰当、尺度合适、造型美观、使用方便以及安全舒适。所以，桌台类家具在设计之初就应该把实用性与功能性综合考虑，再结合使用环境的特性，从而在彼此之间建立良好的匹配关系。

1. 桌台类家具的人性设计

相对于桌台类家具的尺寸来说，人体的尺寸是固定的，并且是具有某些方向性的。人们在实际的生活中，多数处于运动的状态，也总是处在一定的空间范围内，特别是在与桌台类家具接触时。因此，如何合理地处理好桌台类家具与人体尺寸及活动范围的关系就显得十分重要，而此时往往需要在设计之中见功夫。

人们在使用各类桌台家具的过程中，人的身体会因与桌台类家具相互接触而发生各种关系，此种关系也称为界面关系。比如人们在利用书桌学习时，人的眼睛、书本和桌面形成一个界面。同时，桌面与人的上肢相互接触，使人体产生各种感觉，从而再形成另一个触觉界面。

从某种程度上而言，肢体的活动范围就是人所能触及的空间范围。通常，这一定义被用来解决人们在各种作业环境中的工作位置的空间问题。这个空间也被称为作业区域，作业区域的大小、高矮直接影响着人体肢体的活动。所以，桌台类家具的设计必须以人体特征及活动范围为设计依据，以此寻求最优良、最人性的设计方案。

2. 桌台类家具的空间范围

如上所述，桌台类家具与人体的尺寸、活动范围有密切的关系。那么，我们可以依据人与桌面的关系，以及人体的姿势特征等，将人体的活动空间划分为不同的区域，即工作区域。工作区域主要包括立体面工作区域、垂直面工作区域和平面工作区域。人体的上肢在三维空间运动所包括的范围称为立体工作区域。立体工作区域又可分为正常工作区域和最大工作区域。垂直工作区域是确定桌台类家具的高度及垂直方向上各功能部件的尺寸依据。平面工作区域是桌台类家具宽度设计的主要依据。可以说，工作区域是桌台类家具功能尺寸设计的主要依据。

在确定正常工作区域和最大工作区域时应注意两个方面，一是在使用测量人体的数据时，必须加以修正。因为这些数据是在裸体的条件下测得的。二是不能根据中指指尖点所能达到的距离设计工作区域，需要在中指指尖点可达到范围的基础上进行修正。

8.1.5　桌台类家具主要功能部件和尺寸

桌面、抽屉以及屏风是桌台类家具的主要功能部件。此外，桌下空间是腿部活动的一个主要功能空间，其设计是否合理影响着使用的舒适性。

1. 桌面

桌面高度、桌面幅面以及桌面倾角等构成了桌面的主要功能尺寸。

（1）桌面高度

桌面高度：工作面高度 - 工件高度 = 桌面高度。即桌面高度等于坐骨结节点到桌面的距离与该点到地面的距离之和。

按照国家标准 GB/T 3326—1997《家具　桌、椅、凳类主要尺寸》规定，桌面高为：

H=680 ～ 760mm，级差 AS=20mm，即桌面高度可以分别为 700mm、720mm、740mm、760mm 等规格。同时规定桌椅高度差 H3=250 ～ 320mm，一般选 300mm。常见桌类家具高度为中餐桌 750 ～ 780mm，西餐桌 680 ～ 720mm，书桌720mm，打字桌更矮一些。

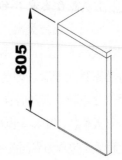

在设计桌面高度时，应以使用者保持正确姿势、减少疲劳以及提高工作效率为原则。有关研究表明，最佳的工作面高度应略低于人的肘高，如图 8-16 所示。

由于人的肘部高度不尽相同，所以，为使工作面高度适合于不同肘高的使用者，可以采取调节桌面的高度、调节座面的高度以及调节工件高度来解决。

图 8-16　桌面高度（mm）

桌面高度是否合适，还取决于椅面和桌面的高度差以及桌下的容腿空间这两个因素。椅面和桌面的高度差影响着人的腰部姿势；容腿空间则决定腿是否舒适。

实际上，桌子设计中最重要的尺寸不是地面到桌面的总高度，而是差尺。差尺过小，会使人腹部受、肌肉紧张以及容易疲劳。差尺过大，容易引起低头、耸肩和肘低于桌面等问题。

当然，无论何种用途，桌面高度的设计都应遵循以下 4 个原则。

1）桌面高度应使手臂处于放松状态。

2）桌面高度的调节范围应能适宜于自身尺寸的要求。

3）桌子可加高座面或使用垫脚台。

4）不能使脊椎骨屈曲度太大。

（2）桌面幅面

桌面幅面：桌面幅面即是根据人眼的视野、人手的活动范围以及桌面上需要放置的物品而设置的长宽度。

按照国家标准 GB/T 3326—1997《家具、桌、椅、凳类主要尺寸》规定：双柜写字台宽为 1200 ～ 1400mm，深为 600 ～ 1200mm；单柜及单层写字台宽为 900 ～ 1500mm，深为 500 ～ 750mm；宽度级差 AB=100mm；深度级差 △r=50mm。同时，还规定了宽深比 B/T=1.8 ～ 2。

通常，以人体手臂的侧展长可测得桌面的宽度，以人体手臂的前展长可测得桌面的深度。桌面的最小宽度应在 450 ～ 600mm 之间，如图 8-17 所示。对于圆桌，则以人均占桌宽来确定桌面的直径。对于会议桌，其宽度主要根据参加会议的人数以及会议室的空间而定。为了便于搬运和移动，会议桌常采取分段拼组的形式，以满足各种不同规模会议的使用要求。

在桌类家具的幅面设计中，还需综合考虑座椅与桌面之间的差尺以及人体上肢所能活动的范围等。

图 8-17　桌面幅面（mm）

（3）桌面倾角

在阅读、写作时，人的躯体和头部姿势受作业面高度和倾斜角度两个因素的影响。通过实践证明，适度倾斜的桌面更适合于这类作业，在实际设计中也已有采用倾斜桌面的例子，如图 8-18 所示。经研究发现，当桌面倾斜度在 12° ～ 24° 时，与水平桌面相比，使用者的躯干移动次数明显减少，疲劳程度降低，不舒适感减轻。因此，从人性化的角度来看，可视化作业应采用倾斜桌面。

图 8-18　倾斜桌面

有关研究还发现，作业时人的视觉注意区决定头的姿势。头的姿势要想获得舒服的状态，视线与水平线的夹角应在规定的范围之内。坐姿时，此夹角为 32° ～ 44°，站姿时此夹角为 23° ～ 34°。以绘图桌为例，当水平桌面过低时，由于头的倾斜角不可能超过 30°，人不得不增加躯体的弯曲程度。因此，绘图桌设计应注意下面两个要求。一是桌面前缘的高度应在合理区间之间，以适应从坐姿到立姿的需要。一是桌面的倾斜角度应在 0° ～ 75° 之间。

从理论上来讲，倾斜桌面有利于人体健康，也有利于视觉活动。但并不是所有桌面都要有斜面，当桌面倾斜则放东西就难了，这是设计时需要考虑的。

2. 容腿空间

在进行桌面高度设计时，除了要考虑胳膊的舒适度外，还要考虑容腿是否适宜的问题。因此也可说，桌面高度同时受到座面高度、桌面厚度和大腿厚度等几个方面的影响。

按照国家标准 GB/T 3326—1997《家具　桌、椅、凳类主要尺寸》规定：容膝空间高应不小于 580mm，抽屉下沿至座面的高度应不小于 178mm。此外，为了满足人体下肢活动的需要桌下空间深度应不小于 600mm，宽度应不小于 520mm。

图 8-19　容腿空间

如果桌面与座面之间的距离过小，则腿部活动会受到限制，使肌肉得不到放松，从而产生疼痛、麻木以及疲劳。因此，座面和桌面之间应有足够大的空间，如图 8-19 所示。

对餐桌来说，既要限制桌面高度，又要有足够的容腿空间，这是相当容易的。而对于办公桌、电脑桌则没那么容易了。因为，办公桌、电脑桌下面一般都有抽屉的限制。因此，有时为了达到一定的容腿空间会将抽屉保留在两侧的屉柜内。

3. 尺寸细化

和其他家具一样，桌台类家具也有一定的尺寸要求，甚至要更为精准。在使用上可分为桌与几两类，桌类较高，几类较矮。其常用尺寸如下。

（1）家庭餐桌

一般高度为 75 ～ 78cm，西式餐桌高度为 68 ～ 72cm，一般方桌宽度为 120cm、90cm

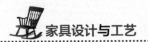

或 75cm。

长方桌宽度为 80cm、90cm、105cm、120cm；长度为 150cm、165cm、180cm、210cm、240cm。

圆桌直径为 90cm、120cm、135cm、150cm、180cm。

（2）餐厅餐桌

餐桌高：75cm ~ 79cm。

圆桌直径：二人 50cm、二人 80cm，四人 90cm，五人 110cm，六人 110 ~ 125cm，八人 130cm，十人 150cm，十二人 180cm。

方餐桌尺寸：二人 70cm×85cm，四人 135cm×85cm，八人 225cm×85cm。

餐桌转盘直径：70 ~ 80cm。

（3）书桌

固定式：深度为 45 ~ 70cm（60cm 最佳），高度为 75cm。

活动式：深度为 65 ~ 80cm，高度为 75 ~ 78cm。

书桌下缘离地至少 58cm；长度最少为 90cm（150 ~ 180cm 最佳）。

（4）书柜

高为 180cm，宽为 120 ~ 150cm，深为 45 ~ 50cm。

（5）办公家具

办公桌：长为 120 ~ 160cm，宽为 50 ~ 65cm，高为 70 ~ 80cm。

（6）茶几

小型、长方形：长度为 60 ~ 75cm，宽度为 45 ~ 60cm，高度为 38 ~ 50cm（38cm 最佳）。

中型、长方形：长度为 120 ~ 135cm，宽度为 38 ~ 50cm 或者 60 ~ 75cm。

正方形：长度为 75 ~ 90cm，高度为 43 ~ 50cm。

大型、长方形：长度为 150 ~ 180cm，宽度为 60 ~ 80cm，高度为 33 ~ 42cm（33cm 最佳）。

圆形：直径为 75cm、90cm、105cm、120cm；高度为 33 ~ 42cm。

方形：宽度为 90cm、105cm、120cm、135cm、150cm；高度为 33 ~ 42cm。

前置型：90cm×40cm×40cm。

中心型：90cm×90cm×40cm、70cm×70cm×40cm。

左右型：60cm×40cm×40cm。

4. 桌台类家具设计要素

其他类型家具如床、凳一般只与人体有关，而桌台类家具则不同，它不仅与人体发生关系，同时与物品也有关联。桌台类家不仅可以供人们伏案工作，还可以陈放和储存物品。除此以外，桌台类家具还具有妆点房间、烘托氛围的作用。

一般，桌类家具与台类家具水平工作区域设计相同，但垂直工作区域的设计则不同。台类家具的台面高度：台高 180cm 以上时，操作极便，视野下降；台高 160 ～ 180cm 时，操作不便，视野还可以；台高 70 ～ 160cm 时，最适操作和观察；台高 50 ～ 70cm 时，手脚操作均不便。

工作台的高度应采用身材高大者体型的参数为设计依据。因为，身材矮小者在使用工作台时，可以通过脚踏或垫板来调节工作面高度，或可通过台面高度的调节来实现。而如果以身材矮小者体型的参数为设计依据时，则是于事无补了。按照我国人体尺寸的平均水平推算，男性的最佳工作面高度为 95 ～ 100cm，女性的最佳工作面高度为 88 ～ 93cm。

工作台面的高度还与作业性质有密切的关系。因此，在设计时要事先分析各种作业的特点，以确定最佳的作业面高度。对于需要借助身体的重量来进行操作的作业，工作台面高度应降低至肘高以下 15 ～ 40cm。对于台面上需要放置工具、材料的一般性作业，台面高度应降低至肘高以下 10 ～ 15cm。对于如绘画等细致作业，作业面高度应上升至肘高以上 5 ～ 10cm，以适应人眼观察的距离。

8.2　桌台类家具结构

桌台类家具按其用途来分主要有两大形式：一种除提供辅助支撑平面功能外还有较强的储物功能，如写字台、书桌、办公桌等，如图 8-20 所示。另一种只提供辅助支撑平面功能的桌台，如餐桌、会谈桌、茶几、花几等，如图 8-21 所示。前一种结构与柜类家具结构基本相同，后一种则与柜类家具有所不同，它主要由脚架及面板构成。

图 8-20　办公桌结构

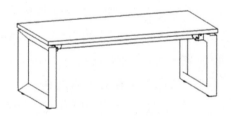

图 8-21　茶几结构

8.2.1　桌脚架结构

桌椅类家具的脚，一般有桌椅脚架及桌椅装脚两种形式。桌椅脚架的四腿需要先与望板接合成脚架，再将桌椅脚架与面板接合。桌椅装脚的四腿则独立与桌面直接接合，如图 8-22 所示。

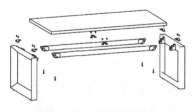

图 8-22　桌脚架结构

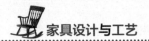

8.2.2　桌面的固定

固定桌类面板一般都低于视高，为保证其表面的美观，面板与脚架接合及固定时，所有连接件都不应暴露在桌面板表面，如图 8-23 所示。

不锈钢拉丝底盘

图 8-23　固定的桌面连接件不外露

8.3　详解桌台类家具生产工艺

桌台类家具生产工艺一般为：机械加工（开料、贴皮、封边和钻孔）→组装→砂光→涂饰→品检→入库。

下面以板式办公台为例，讲解桌台类家具生产工艺及流程。

1. 板式办公写字台的造型

板式办公写字台按照造型特点的不同，可分为传统办公台和现代办公台两种。

（1）传统办公台

传统办公台是以不同规格的人造板加工而成的。其主要材料为中纤板和刨花板，并配以实木封边和扪皮工艺加工而成。在结构上，传统办公台多采用木榫和五金连接件，如四合一和三合一偏心连接件。其外观造型基本上采用封闭式，色泽较深，厚重感较强。

（2）现代办公台

现代办公台的主要材料为人造板材、五金材料和玻璃制品等。在结构和工艺方面，比传统办公台要简单，造型简明大方，功能实用性。现代办公台的外观造型基本上采用开放式，给人一种时尚感和现代感。

2. 板式写字台的工艺流程

板式写字台常用的材料有人造板材、封边实木板材、五金材料、砂纸、枪钉、碎布、涂料和包装材料等。其生产工艺流程归纳起来可分为机械加工、组装、砂光、涂饰、品检和包装入库 6 个部分，在这 6 个部分里又包括了很多工序。

（1）机械加工

机械加工主要包括开料、贴皮、封边、钻孔等工序。

① 开料。

开料即是裁板，如图 8-24 所示。根据写字台的下料单和人造板的规格，可以进行具体的规划裁板，对于常规的形状可直接裁出净料。需要注意的是，在加工异型台面时要经过机制工序，在符合产品形状后再进行精加工。一般来说，写字台的台面均较厚，所以常用冷压的方法进行加厚，加厚后再进行贴皮处理。

②贴皮。

贴皮包括人工贴皮和热压贴皮两种。人工贴皮多用于小面积的零部件，如写字台台面的边角处等部分。贴皮工序除了增强了木质材料的美观性外，同时也改善和

图 8-24　开料

提高了材料的强度及稳定性。贴皮时木皮起泡与变形的现象是值得留意的。热压贴皮多用于大面积的贴皮，如写字台的台面等。热压贴皮的优点是时间短、质量高，如图 8-25 所示。

③封边。

封边是现代板式家具零部件边部处理的常用方法。封边最常用的材料有 PVC 条和薄木条等，对于写字台而言，基材多为中纤板和刨花板等人造板材，如图 8-26 所示。

图 8-25　贴皮

图 8-26　封边

④钻孔。

钻孔的类型有用于连接和安装的连接件孔、用于定位零件的圆榫孔以及用于各类螺钉的引导孔。钻空的孔径和深度要一致，孔与孔之间的尺寸也要准确，如图 8-27 所示。

板式写字台的机械加工是后续加工制作的基础，因此每一道工序都需要按规定图纸精确地完成，以减少不必要的重复作业，从而提高产品质量和生产效率。

（2）组装

为了检验开料的精度，及时发现误差过大的零部件，产品在做涂饰之前要进行组成，组装也称为

图 8-27　钻孔

试装。在组装时一般先从写字台的台脚等承重部件开始进行装配，形成骨架，接着再安装

台面，最后安装副柜等，如图8-28所示。一般在组装完后要对写字台的零部件进行编号，以便于在后续的工序中检查产品零部件是否齐全，同时也为下一次组装提供方便。

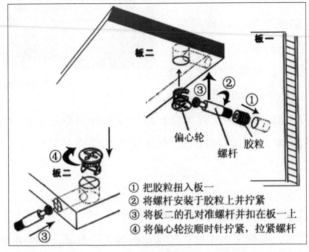

① 把胶粒扭入板一
② 将螺杆安装于胶粒上并拧紧
③ 将板二的孔对准螺杆并扣在板一上
④ 将偏心轮按顺时针拧紧，拉紧螺杆

图 8-28　组装

（3）砂光

砂光是进行第一遍底漆之前的准备工序。在工厂生产中，板材会留下一些划痕、刀痕等，因此要对其进行处理。对于面积较大的零部件采用大型砂光机进行砂光；对于产品边角处等微小地方可用小型手提式砂光机进行光滑和平整。粗磨后要进行批灰处理，其主要作用是填补板面的钉眼、拼缝和缺陷。批灰后再进行细打磨，如图8-29所示。

（4）涂饰

涂装的工序依次包括擦底色、喷底漆、喷二道底漆、打油磨、补色、修色和喷面漆。擦底色时应擦拭均匀；喷底漆需要保证漆膜厚度；喷二道底漆在于增强附着力；打油磨是为喷面漆做好准备；补色是对磨损地方的检修和填补；修色需要对照标准的色板喷涂产品；面漆是确保写字台的美观性，如图8-30所示。

图 8-29　砂光

图 8-30　涂饰

（5）品检

在完成上述流程后，为了确保写字台的质量，还需要对产品的颜色、造型和工艺指标是否符合标准进行检验。每个工厂一般都有专门的品检员，经过检验合格的产品才能进入包装工序。

（6）包装入库

板式写字台的包装材料多用泡沫板、珍珠棉和纸箱。包装要在写字台的面漆干后才能进行，在包装前还需要进行再一次的试装以确保零部件齐全。此外，在包装时还应注意以下几点：一是对写字台边角的保护；二是在包装时要确认写字台的数量，并填写好成品包装记录表；三是所有包装物品的包装箱上均要注明型号、规格、数量、颜色、序号、检验标示、生产日期和包装员信息等。

3．工艺流程应注意的一些问题

在板式写字台的生产工艺流程中，容易出现问题的工序有机制、贴皮、打磨、底漆、面漆等几道工序。机制工序应注意模板是否精确，是否符合图纸的要求；贴皮工序需要防止木皮起泡；底漆工序应保证漆膜的厚度；喷面漆时应注意油漆面是否存有色差。

随着板式家具成为市场的主流家具之一，板式办公写字台的生产工艺也日趋成熟。但如何进一步完善生产工艺、降低生产成本以及提高经济效益，仍然是企业生存发展的重中之重。这需要家具行业、家具企业的开拓创新和务实求真。

4．板式办公台生产工艺的基础知识

1）工艺所需工具：排锯、双头锯、排钻、推台锯、花槽机、立铣机、封边机等。

2）饰面板制作工序：开料→压板→清边→锣机→封边→修边→安装。

3）饰面板工艺要求：板材纸张粘贴须牢固平滑，不脱胶、不离层、无气泡、不折皱。

4）加压机的质量要求如下。

- 板件胶合应牢固，无脱胶现象，板件须与骨架相邻两边对齐。
- 部件表面应干净平整，无骨架印痕、划痕及多余涂胶现象。
- 弧形板芯条要紧密，表面平整，过渡自然，无胶水污染。

5）铣形机的质量要求如下。

- 模具制作须准确无误，加工后形状尺寸与图纸相符。
- 加工面必须光滑、线条流畅、过渡自然，无崩边撕裂、划痕等现象。

6）封边机的质量要求：封边速度快，表面平整，封边严实，无气泡，不翘皮。

7）手工安装质量要求：安装必须牢固，保持板面清洁，无划痕、压痕等现象。

8）修边着色质量要求如下。

- 无创伤、砂伤、划痕等现象，无木屑、胶水等杂物。保持板面清洁。

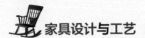
- 边条口必须平滑，直角部位要砂磨，要保持直角，不能砂成圆弧形。
- 修边后的部件需作执色处理，执色颜色需要与板面色调一致。

9）包装质量要求如下。

- 产品必须检验合格后才能包装。
- 产品堆放必须与包装要求相符。

第 9 章
软体家具结构与生产工艺

9.1 软体家具概述

9.1.1 软体家具的背景和发展前景

通俗地说，人们把与人体接触的部位由软体材料制成或由软性材料饰面的坐、卧类家具称之为软体家具，其主要填充物为海绵或织物，比如家庭中常见的沙发、软床都属于其中的一种，如图 9-1 所示。

人们在家居装修中均会购置软体家具，该类家具是家具产业中规模大、发展快的一个部分，也是最具竞争力的家具产业板块。根据有关数据，每年国内城镇住宅建设大约有 5 亿平方米，如果按每户 100 平方米计算，每年有 500 万户住宅要配置家具。今后 10 年，需求量的年增长速率预计

图 9-1　软体家具

将达到 10% ~ 15%。目前较大的软体家具生产基地已在我国的北京、河北香河、四川成都和广东等地形成规模。

下面就软体家具的行业背景及发展前景进行概述。

1. 软体家具行业背景

最近 30 年，是我国家具行业高速发展的 30 年。由 20 世纪 90 年代初期开始发展，到 2014 年，我国家具行业已经经历了从初具雏形到快速成长的发展阶段，至今已形成了相对集中、具有一定专业性的家具生产基地。2015 年以后，我国家具行业逐渐向成熟阶段过渡。

经过多年的发展，行业产能过剩和产品同质化等现象日益凸显。在未来的 5 ~ 10 年，我国家具行业将在家具产业转移的大背景下迈入第二个高速发展期。这个时期的主要着重点已不在于量的扩张，而是质的提高。

进入 21 世纪后，城市化和城镇化的建设步伐加快。为进一步拉动消费市场，扩大消费

领域，党中央做出了全面繁荣农村经济的指示。到 2015 年，我国的城镇化覆盖率也将达到 52%。国家的这一举措，必将进一步推动我国的住宅建设，也因此惠及与住宅相关的产业。

住宅作为家具的上游产业，为各类家具和配套产品提供了相应的发展空间。与此同时，随着农村居民人均生活消费现金支出的逐年增加，农村居民对住房装修及家具添置的需求也开始逐年上升。综上所述，我国家具行业蕴藏的市场潜力巨大。

2. 软体家具发展前景

我国家具产业自改革开放以来取得了空前的发展，尤其是自 20 世纪 90 年代开始，家具产业创造了持续高速发展的奇迹。据有关统计数据显示，截止到 2013 年，我国家具企业实现工业总产值 3859.00 亿元，同比增长 28.62%；销售收入 3793.08 亿元，同比增长 30.30%；利润总额 186.40 亿元，同比增长 46.15%。总体来看，行业各项经济指标均有所增长，其中利润总额增速更是超过 30%，可见家具行业发展态势良好。

作为家具行业的分支，随着生产技术的不断更新，我国软体家具行业的品种不断增加，开始逐渐形成专业化生产，也实现了管理水平的迅速提高。据统计，2004 年，我国软体家具产值为 819 亿元；2005 年，软体家具产值为 980 亿元；而在 2013 年，我国软体家具行业产值已超过 1200 亿元，软体家具的份额占整体家具市场的 30% 左右。

在我国，软体家具尤其是高端产品在市场上实力显著。我国虽然出现了一些知名的专业软体家具企业，但与一些国际企业相比，在设计、研发等方面还是有一定的差距，品牌竞争力也偏弱。随着我国软体家具企业品牌意识的增强和综合实力的提升，未来软体行业内将涌现出更多的实力型企业，并在国际市场上占据一席之地。

9.1.2 软体家具的结构

软体家具的结构包括支架结构、软体结构、床垫及充气家具。

1. 支架结构

图 9-2　钢架结构

- 钢架结构（见图 9-2）多采用焊接或螺钉接合。
- 木支架（见图 9-3）是一种传统结构。一般对于受力大的部件采用较好的木材。
- 塑料支架结构由于塑料可注塑、压延成型的特点，常与软体结构一次成型。

2. 软体结构

软体结构分为薄型软体结构及厚型软体结构。

（1）薄型软体结构

薄型软体结构的软体材料有的直接纺织在座垫上，有的缝挂在座框上，有的单独纺织在木框上再嵌入座框内。

图 9-3　木支架

（2）厚型软体结构

厚型软体结构包括传统的弹簧结构和现代沙发结构两种形式。传统的弹簧结构是利用弹簧作为软体材料，然后在其上面包覆棉花和海绵等，最后再包覆装饰布面。现代沙发结构分为两部分，一是由支架蒙面而成的底胎；一是由泡沫塑料与面料构成的软垫。

3. 床垫

床垫的结构（见图9-4）主要有两种，一种是弹簧结构，另一种是全棕结构。在传统的弹簧结构的基础上，又开发出了独立袋装的弹簧床垫，这种床垫可独立承受压力，弹簧之间互不影响，使邻睡者不受干扰。全棕结构是利用棕丝的弹性与韧性作软性材料，再加上面料等制成。另外还有磁性床垫等，多种多样。

4. 充气家具

充气家具中，气囊是其"顶梁柱"，并以其表面来承受各种重量。一般，气囊由橡胶布或塑料薄膜制成。气囊的优点是可自行充气组成各种家具，携带、存放方便。缺点是要保持相对的稳定性比较困难。充气家具多用于旅游家具，比如各种沙滩椅、轻便沙发、浮床等，如图9-5所示。

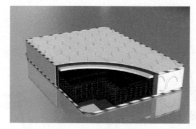

图9-4 床垫结构

图9-5 充气家具

9.2 软体家具支架结构

软体家具主要由两大部分组成，一个是"骨架"，另一个是软体填充料。一般来说，软体家具都有支架结构作为支撑，但也有不用支架的全软体家具。各具个性，各有特点，人们可以根据自己的喜好来进行选择。

9.2.1 沙发的木架结构

1. 沙发的基本结构

沙发的基本结构有包木沙发、出木沙发以及具有多种使用功能的多用沙发。包木沙发是由靠背、座身、扶手和脚组成；出木沙发是由靠背、座身连接扶手和抵挡组成。它们的形式虽然不同，但基本结构相似。支架的主要材料包括木材、钢材、塑料等，其中木质材料最为常用，如图9-6所示。

（1）木架结构的要求

木架结构要求尺寸准确，结构合理，钉着力强。

- 外露部分：需要光洁平整，接合处尽量隐蔽。

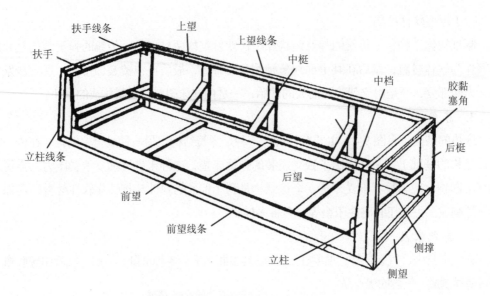

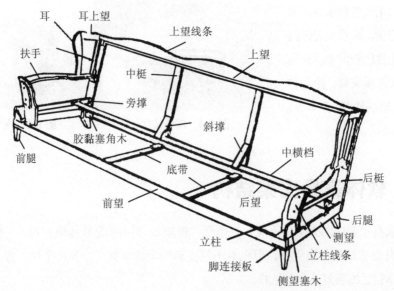

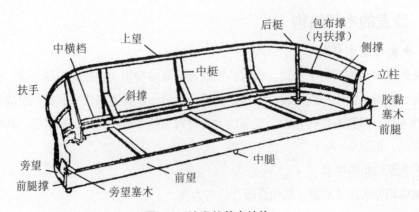

图 9-6 沙发的基本结构

● 包覆部分：稍微粗糙，无需涂饰，结构必须牢固。

（2）木框架的结构类型

木框架的接合常用圆钉接合、榫接合和螺栓接合等形式。沙发脚是受力最多的地方，所以常采用螺栓连接。为了保证平稳牢固，沙发圆脚或方脚与框架结合面需要加工成平面。框架板厚一般为 20 ~ 30mm。太厚则浪费材料；太薄则强度不够。板面粗刨光即可。

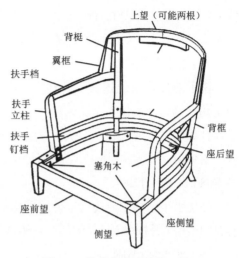

图 9-6　沙发的基本结构（续）

2. 包本沙发的框架结构

（1）靠背上档

靠背上档主要是起到枕靠的作用，它可以使沙发上端部位平直，一般低于靠背侧立板。靠背上档的宽度要根据靠背侧立板上端的宽度而定。如果是有弧度的沙发靠背，其靠背上档也应该有弧度，如图 9-7 所示。

（2）靠背弹簧固定板

顾名思义，靠背弹簧固定板是用来固定弹簧用的。

（3）靠背侧立板

靠背侧立板的形状有枕背、弯背、薄刀背等形式。对于侧立板的宽度要根据背后侧面形状而定。为了方便包制时钉鞋钉，顶端到扶手处应做倒角，图 9-8 为沙发靠背结构举例。

图 9-7　靠背上档

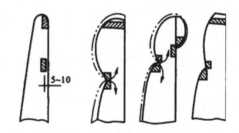

图 9-8　沙发靠背结构

（4）扶手板

为使得包制好的扶手饱满柔软，一般要放置泡沫塑料或弹簧。扶手板的宽度按扶手柱头的宽度配制。

（5）扶手塞头立档

扶手塞头立档（见图 9-9 的左图）在扶手板与扶手塞头横档之间，并与扶手板和扶手塞头横档的里边齐平。扶手塞头立档在沙发扶手包制时起到绷紧麻布、面料和着钉的作用。

（6）扶手后柱头

扶手后柱头（见图 9-9 的右图）是根据扶手形状而定的，主要起到扶手成型的作用。一般，扶手后柱头里侧,即与靠背侧立板相接处都要求开一个缺口,以便给扶手包布。

（7）扶手前柱头

扶手前柱头与上述扶手后柱头一样,都是用来确定沙发扶手结构的。一般,扶手前柱头的宽度要比包好的扶手宽度窄一些。图9-10所示为扶手前柱头的几种形状。

（8）外扶手下贴档

外扶手下贴档主要起到里外扶手面料钉钉的作用。外扶手下贴档的长短与外扶手上贴档相同。

（9）外扶手上贴档

为保证扶手的结构,还要加入外扶手上贴档（见图9-11）。外扶手上贴档主要起到拱面成型的作用,其长短与扶手板相同。

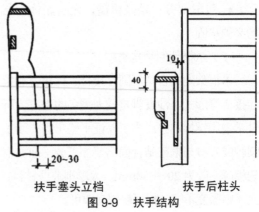

扶手塞头立档　　　扶手后柱头

图 9-9　扶手结构

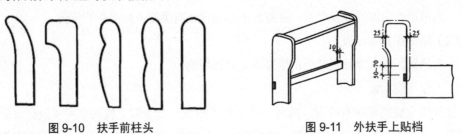

图 9-10　扶手前柱头　　　图 9-11　外扶手上贴档

（10）扶手塞头横档

扶手塞头横档（见图9-12）必须与扶手前柱头里档齐平,与扶手后柱头边相距10mm。一般,扶手塞头横档的装配高度应比包好的座身高度略低。扶手塞头横档的作用是使麻布与面料绷紧,并承受钉接合。

（11）靠背塞头横档

靠背塞头横档（见图9-13）的作用如上述扶手塞头横档,都是使麻布和面料绷紧承受钉接合。靠背塞头横档的安装高度要比包好的座高低30mm左右。如果靠背上档有弧度,则靠背塞头横档也要有与之相应的弧度。

（12）沙发坐框

沙发坐框（见图9-14）的底座结构一般分为以下4类。

• 全软边底座:底座和边框都是软的,有很好的回弹性,如图9-14（a）所示。

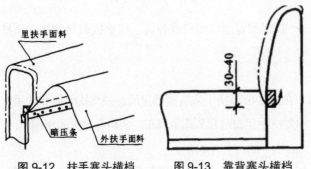

图 9-12　扶手塞头横档　　　图 9-13　靠背塞头横档

- 半软边底座：沙发底座前边的边框由盘簧和边钢丝支撑，如图 9-14（b）所示。
- 硬边底座：底座边框全部都用木板，底座中间加盘簧或蛇簧，如图 9-14（c）所示。
- 全硬底座：这种沙发工艺较为简单，底座不用弹簧，加盖一块木板即可，如图 9-14（d）所示。

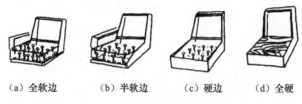

（a）全软边　　（b）半软边　　（c）硬边　　（d）全硬

图 9-14　沙发底座结构类型

（13）底座弹簧固定板

底座弹簧固定板是用来安装弹簧用的。因为底座弹簧固定板的受力比较大，因此在制作时应选用较结实的木材。

（14）沙发脚

沙发脚的形式很多。比如用脚轮固定在沙发底座框上，或以支架形式用木螺钉紧固在沙发底座框上等。

9.2.2　床垫的支架结构

床垫一般指的是弹簧床垫。弹簧床垫的组成有两大部分，一是弹簧钢芯，二是外层软包材料。弹簧钢芯由各式各样的弹簧结构组成，外层软包材料一般由平网、毡料以及绗缝面料组成。弹簧床垫的特点是弹性十足、弹力持久，舒适度很好。当然，其透气性也比较好。

9.3　软体家具的软体部位结构

9.3.1　软体结构的种类

按照软体部分的厚薄可以分为两种。

- 薄型软体结构：这种软体结构多采用皮革、布以及棕绷面等制成，也有采用薄型海绵的。
- 厚型软体结构：厚型软体结构又包括传统弹簧结构和现代软垫结构。传统弹簧结构是在弹簧上包裹棉花、泡沫和海绵等材料。现代软垫结构是利用或发泡橡胶与面料构成，如图 9-15 所示。

按构成弹性主体材料的不同可以分为三种。

- 蛇簧：蛇簧的弹性比较差，主要用于中档软体家具。弹簧种类如图 9-16 所示。
- 泡沫塑料：泡沫塑料的弹性与舒适性不如蛇

图 9-15　软体结构

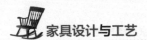

簧，其一般用于制造简易软体家具。

● 螺旋弹簧：螺旋弹簧的弹性最好，当然用料也多，造价较高，主要用于软体家具。

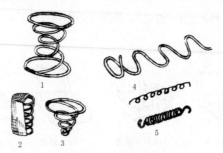

图 9-16　弹簧种类

1- 中凹型螺旋弹簧；2- 圆柱型螺旋弹簧；3- 宝塔型螺旋弹簧；4- 蛇簧；5- 螺旋穿簧

9.3.2　使用蛇簧的沙发结构

以蛇簧当作沙发结构的主体，置于坐面与靠背之中。一般，多根蛇簧使用专用的钉子固定在木框上。背簧固定在上下横挡，座簧固定在前后望板，各行蛇簧用螺旋穿簧连接成整体。蛇簧的上下部的结构与螺旋弹簧沙发相同，都是上部用麻布填料，下部设底布等。

9.3.3　使用泡沫塑料的沙发结构

泡沫塑料软体结构主要有整体式软包、嵌入式软包和直接式软垫这三种结构类型。整体式软包结构是以泡沫塑料为主要弹性材料的椅座、椅背，下设底托，上覆棉花［见图 9-17（a）］。嵌入式软包结构是椅框与软包坐框及背框分开的，坐面和靠背的软垫木框一般是单独制作，如图 9-17（b）所示。

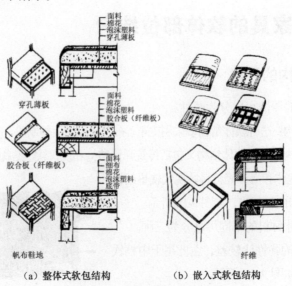

（a）整体式软包结构　　　　（b）嵌入式软包结构

图 9-17　泡沫塑料软体结构

9.3.4　使用螺旋弹簧的沙发结构

1. 全包沙发的结构

全包沙发分座面、靠背和扶手三部分，其中座面和靠背含弹簧。通常做法是，将螺旋弹簧的下部固定在底托之上，而上部则用绷绳连接在木架上。这样，其不仅能弹性变形，而且还不会偏倒。弹簧上面覆盖麻布，再铺上棕垫，再在其上覆盖两层麻布，铺少量的棕丝后包覆棉花，然后再蒙面料，如图 9-18 所示。

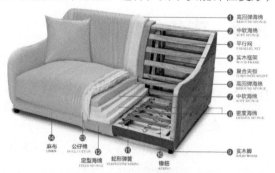

图 9-18　全包沙发结构

2. 沙发的弹簧规格与用量

沙发坐面弹簧的高度可为 102 ～ 267mm、11 号 -8 号钢丝，或为 178 ～ 203mm、11 号 -10.5 号钢丝；沙发靠背弹簧的高度为 102 ～ 254mm、14 号 -12 号钢丝。单就沙发弹簧的用量而言，对于螺旋弹簧结构沙发，坐面部位最少为 9 个、靠背部位最少为 4 个；对于蛇簧结构沙发，坐面部位最少为 4 个、靠背部位最少为 3 个，双人、三人沙发的弹簧用量应相应增加。

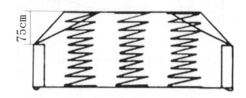

图 9-19　软体高度与靠背表面形状

3. 软体高度与靠背表面形状

绷扎后的弹簧高度和填料厚度构成了软体部分的高度，弹簧绷扎后的高度根据弹簧的软度而定。对于软度弹簧，弹簧自由高度为弹簧标准高度减去 50mm。对于中等硬度弹簧，弹簧自由高度为弹簧标准高度减去 25mm。对于硬性弹簧，弹簧自由高度为弹簧标准高度加上 25 ～ 38mm，如图 9-19 所示。

4. 螺旋弹簧结构的底托类型

底托主要有绷带、整网、板带、整板这 4 种结构类型，如图 9-20 所示。

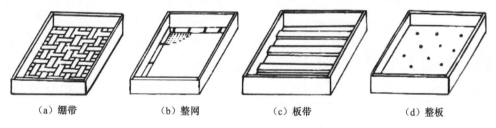

（a）绷带　　　　　（b）整网　　　　　（c）板带　　　　　（d）整板

图 9-20　螺旋弹簧结构的底托类型

绷带结构一般由尼龙、橡胶或钢丝构成，然后用钉子固定在木框架上。绷带的回弹性比较好，主要用于高级家具，而钢锸带则主要用于普通家具。中高级家具的整网结构用麻布或纤维材料制成，四周用螺旋穿簧紧密地固定在木框架上，其回弹性比较好。板带结构

是在每行或每列的弹簧下设置一根板条，并且固定在木框架上，这种结构没有回弹性，一般用于普通家具。整板结构用钻有透气孔的整块木板固定在木框架上，这种结构也没有无回弹性，一般用于普通家具。

9.4 床垫的结构

9.4.1 床垫的功能尺寸

1. 床宽

有关数据显示，经脑波观测，床宽与睡眠深度的关系是，当床宽的界限小于 0.7m 时，人就不能进入深度睡眠的状态。而当床宽小于 0.5m 时，睡眠深度受到影响更大。

床宽 $W = 2.5 \times W$，$W =$ 肩宽（男为 43cm，女为 41cm），床宽可以根据这个数据适当增加，如图 9-21 所示。

2. 床长及床高

人体工程学试验表明，床的各项功能尺寸计算可以参考以下数据。

床长 $L = h \times 1.05 + a + b$，（$a$、$b$ 为床头、床尾余量，$a = 10$cm，$b = 5$cm）

床高 $H = 40 \sim 60$cm

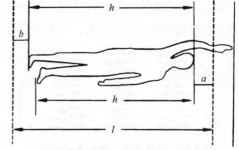

图 9-21 床的尺寸

9.4.2 弹簧软床垫的组成

弹簧床垫的组成主要包括两大部分，一是弹簧，另一是各种软质材料。弹簧主要起到支撑并提供弹性的作用；软质材料则是起到舒适度的作用。相较传统床具，弹簧床垫能合理地分布身体的支撑力，除了能起到充分的承托作用外，还能保证脊柱合理的生理弯曲度。同时，弹簧床垫还具有良好的抗压性和透气性，如图 9-22、图 9-23 和图 9-24 所示。

弹簧床垫从上到下依次分为围边、绗缝层、铺垫料和弹簧芯。

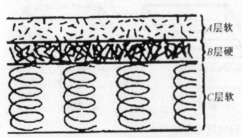

图 9-22 床垫的三层结构

1. 围边

与绗缝层通过包缝机滚边，然后连接形成床垫的表面材料，即是床垫的围边。围边是床垫两侧最外层的复合面料。在实际生产中，床垫的围边都会设计通气孔和拉手。通气孔的主要作用是为了保证床垫的透气性，使空气能够自动循环。拉手则是为了方便移动。

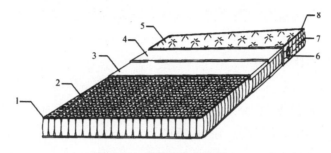

图9-23 弹簧床垫的结构1
1- 围边钢；2- 弹簧芯；3，4- 铺垫料；5- 绗缝层；6- 气孔；7- 围边；8- 围边带

2. 绗缝层

绗缝层是床垫表面的纺织面料与絮用纤维、泡沫塑料、无纺布等材料绗缝在一起的复合体。作为复合面料层，绗缝层位于床垫的最表层，直接与人体接触，对床垫起到美观的作用。同时，绗缝层也能够分散承受身体重量所产生的力，有效地减弱床垫对身体部位所造成的过大压力。

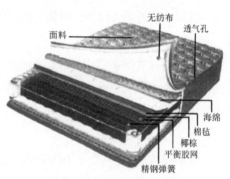

图9-24 弹簧床垫的结构2

3. 铺垫料

铺垫料位于绗缝层和弹簧芯之间，主要由一层平衡层和耐磨纤维层组成。平衡层内有塑料网隔离层、海绵和泡沫塑料等。耐磨纤维层内有棉毡、椰丝垫等各种毡垫。为了使用安全，铺垫料不能加入有害物质，也不允许夹带泥沙和其他杂物。

4. 弹簧芯

作为弹簧床垫最主要的结构及组成物，弹簧芯通常包括弹簧、围边钢两种结构。弹簧是弹簧芯的基本构成，弹簧芯由一根或多根弹簧连接而成。围边钢主要作用是，将弹簧床垫的周边弹簧包扎连接在一起，在床垫软边处起到固定和连接弹簧的作用，以使周边富有弹性，同时也能起到增强床垫的平稳性。

9.4.3 弹簧床垫与弹簧芯结构

1. 弹簧芯结构

前面已经提到，弹簧芯由一根或多根弹簧连接而成，是弹簧床垫内部起支撑作用的结构件。弹簧芯不仅可以均匀地支撑人体的各个部位，还能保证人体骨骼的自然曲线贴合人体各种躺卧姿势。根据不同的弹簧形式，弹簧芯大致可分为袋装独立式、袋装线状整体式、线装直立式、线装整体式、双层弹簧芯、开口弹簧芯、电动弹簧芯、连接式弹簧芯等。

（1）袋装独立式弹簧芯

袋装独立式弹簧芯是将每一个独立个体的弹簧做成通行腰鼓型，施压之后填装入袋，再用胶连接排列而成。袋装独立式弹簧芯的特点是：独立运作，独立支撑，单独伸缩。和蛇形弹簧不同，袋装弹簧的力学结构避免了受力缺陷。即使少数几个弹簧在长期使用后性能变差，甚至失去了弹性，也不会影响整个床垫的弹性。

（2）袋装线状整体弹簧芯

袋装线状整体弹簧芯是将线状整体式弹簧，装入无间隔的袖状双层强化纤维套中排列而成。袋装线状整体弹簧芯的系统是以与人体平行的方式排列而成。这样，其中一个睡眠者的翻身滚动，一般都不会影响到另外的睡眠者。

（3）线装直立式弹簧芯

由连续型钢丝弹簧从头到尾，一体成型排列组成的弹簧称为线装直立式弹簧芯。线装直立式弹簧芯的优点包括：弹簧架构不断层，顺应人体自然曲线，人体不易产生弹性疲乏。

（4）线装整体式弹簧芯

线状整体式弹簧芯由连续型钢丝弹簧，用精密仪器根据人体工程学原理，将弹簧排列成三角架构。线状整体式弹簧芯将四周的压力平均分散，确保了弹簧的弹力。线装整体式弹簧床垫软硬度适中，可提供舒适的睡眠。

（5）双层弹簧芯

双层弹簧芯即是包含上下两层串好的弹簧作为床芯。上层弹簧与下层弹簧相互配合，上层弹簧在承受重量的同时得到下层弹簧的支撑，有很好的弹性，还能提供双倍的承受力和舒适度。

（6）开口弹簧芯

开口弹簧芯需要用螺旋穿簧进行连接，该弹簧的特点是不打结。

（7）电动弹簧芯

电动弹簧芯床垫即是指在床垫底部置入可调整的弹簧网架，装上电动机后可使床垫随意调整，无论是看电视、看书还是睡觉，都可调整到最舒适的状态。

（8）连接式弹簧芯

连接式弹簧芯是床垫的传统制作方式，其用的是中凹型螺旋弹簧，这种弹簧芯弹力强、支撑性能好。由于其所有的弹簧是一个串联体，当床垫的某一部分受到外界的冲击后，整个床芯都会晃动。

2. 床垫

一张好的床垫，除了要考虑人体卧姿的构造特点，以及符合人体曲线外，优质床垫还应具备以下条件：韧性和柔性兼备；吸湿和透气性好；支撑和缓冲作用好；体态变换不影响同睡者；床垫对冬夏季节的适应性好；材料环保，弹性耐好。

床垫一般没有框架，按结构可分为弹簧软床垫、充水软床垫、充气软床垫、泡沫乳胶软床垫、棕床垫以及其他特殊功能床垫等。

（1）弹簧软床垫

弹簧软床垫由弹簧芯、填充料及绗缝层构成。弹簧芯一般选材优质，制作精密；中间的填充料可保证床垫结实耐用，也保证了床垫的舒适性；绗缝层则是环保的，具有较好的杀菌效果，如图 9-25 所示。

（2）充水软床垫

充水软床垫的水囊采用了独特的内部结构，使水在纵向、横向上都会有合理的流动。不会出现左右摆动或高低不平的情况，两个人同时睡时也不会影响彼此。充水软床垫的缺点是透气性没有弹簧床垫好，如图 9-26 所示。

（3）充气软床垫

充气软床垫分为盒式和平面式两种结构。盒式结构的表现形式有点状和格状，平面式的表现形式有点状、管状、格状和椅状，如图 9-27 所示。

图 9-25 弹簧软床垫

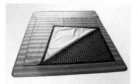
图 9-26 充水软床垫

图 9-27 充气软床垫

（4）泡沫乳胶软床垫

泡沫乳胶软床垫仍然属于弹簧床垫的范畴，其添加乳胶或泡沫的作用是为了增加床垫的舒适性，如图 9-28 所示。

图 9-28 泡沫乳胶软床垫

（5）棕床垫

棕床垫是指以棕纤维弹性材料为床芯，表面罩有织物面料或其他材料制成的床具。市场上，使用山棕和椰棕作为床垫材料的比较多，如图 9-29 所示。

图 9-29 棕床垫

（6）特殊功能床垫

近年来，健康、环保的睡眠理念深入人心，由此可见消费者环保、保健意识的增强，人们对特殊功能的床垫制品也表现出前所未有的兴趣和热情。目前比较流行的几种特殊功能的床垫有红外线床垫、磁力线床垫、多功能床垫等。

9.4.4 床网（弹簧）

1. 弹簧的属性

弹簧是床垫的主要构成单元，床网的质量则由弹簧的钢材质地、覆盖率、口径、芯径等因素决定。可以说，一张床网的好坏直接决定了床垫质量的好坏，如图 9-30 所示。

图 9-30 床网

（1）钢材质地

钢材质地有优有劣，未经处理的普通钢丝制成的弹簧容易断裂。

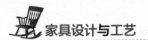

（2）覆盖率

覆盖率指的是弹簧在整张床网中所占面积的比例。弹簧覆盖率越高，床垫质量越好。

（3）口径

弹簧口径越粗，弹簧越软。

（4）芯径

弹簧芯径越规则，弹簧越硬，支撑力越强。

（5）直径

弹簧直径越大，则越坚固。

（6）圈数及高度

圈数越多，高度越高，弹力越好。

2. 床网结构分类

（1）螺旋弹簧床屉结构

螺旋弹簧床屉结构与沙发坐相同，两者的周边均设有木框结构，弹簧固定在框下的底托上。弹簧床垫所用的螺旋弹簧，在整张床垫的面积中应不低于一半。

（2）袋装螺旋弹簧结构

袋装螺旋弹簧结构是将圆柱螺旋弹簧分别装入布袋中并封口，然后将其紧挨排列，用麻线将袋装弹簧分别从前后、左右方向与四周的弹簧一个个缝接起来，上下两面再用钢丝框把四周围起来，然后用麻布绷紧缝好，再填海绵、泡沫塑料等，如图9-31所示。

（3）中凹螺旋弹簧结构

中凹螺旋弹簧结构中间为中凹弹簧体，横向用穿条弹簧或铁卡串联并绷紧，上下两面再用钢丝把四周围起来，自成一个方正的组合弹簧结构，然后两面用麻布绷紧缝好，再填海绵、泡沫塑料等，如图9-32所示。

图9-31　袋装螺旋弹簧结构　　　　　图9-32　中凹螺旋弹簧结构

（4）泡沫塑料桶装弹簧结构

泡沫塑料桶装弹簧结构，其内部为圆柱形的泡沫塑料圆筒，圆柱形弹簧旋入内部的螺旋形槽中。腰鼓形泡沫塑料圆筒之间用较软的泡沫塑料连接件连接，使之成为一个整体，如图9-33所示。

（5）全泡沫塑料结构

全泡沫塑料结构指的是全部由泡沫塑料构成的全泡沫塑料软床床垫。泡沫塑料结构的优点是，具有很好的传热性和吸湿性，并且能使人体处于一种理想的睡眠状态，如图9-34所示。

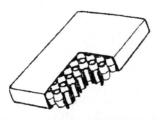
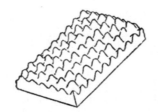
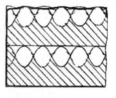

图 9-33　泡沫塑料桶装弹簧结构　　　　图 9-34　全泡沫塑料结构

9.5　充气家具

充气家具（见图 9-35）在日常生活中并不多见。其多用于旅游家具，如沙滩椅、浮床等。充气家具最主要的构件就是气囊，充气的气囊用来承受各种重量，其所能承受的重量与普通家具相比没有多大差别。气囊主要由橡胶布、PVC 材料或塑料薄膜制成。

图 9-35　充气家具

充气家具的生产要素包括以下几个方面。

1.　材料

充气家具所采用的橡胶布一般以天然橡胶作主材，天然橡胶具有弹性好以及黏着力强的特点。除此之外，也有使用塑料作为主材的，这种材料比较容易加工，而且成本也比较低，但是气密性、舒适度和耐久性则不及橡胶。采用橡胶布制作的充气家具对家具制造业来说，是材料、工艺、造型和结构的变革；对消费者来说，是功能和审美观念的更新。

2.　功能要求

充气家具多用于旅游用品，因此，它应具有携带方便的特点。所以充气家具的造型要求简洁易收。当然，不能忽略它的稳定性和安全感。因此，充气家具的造型应以大体面的几何形为主。

3.　造型要求

充气家具以几何造型为主，这是由充气家具的功能和生产工艺要求所决定的。

4.　工艺要求

充气家具的单体高度是有限制的。不过，为了满足高度的要求，可以把若干单体连接起来，构成充气家具的几个排列组合和渐变的形式。在工厂生产时，几何形体也比较容易加工，具有气密性好的特点；此外，还可降低生产成本。

5.　工艺流程

充气家具采用加热硫化胶布黏合成型的生产工艺。其主要工艺流程如图 9-36 所示。

素炼和混炼在开放炼胶机上进行，采用一次刮胶，两次贴胶压延的工艺。充气家具的黏合成型用溶剂汽油为溶合剂，非黏合部位涂滑石粉，防止使用时黏连。成型后的充气家具要放入硫化罐内用间接气硫化。

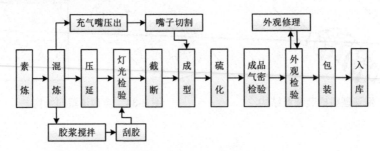

图 9-36　工艺流程

概括来说，充气家具集功能、便携、审美于一体。

9.6　软体家具生产工艺图解

1. 软体家具生产工艺流程

该生产工艺流程如图 9-37 所示。

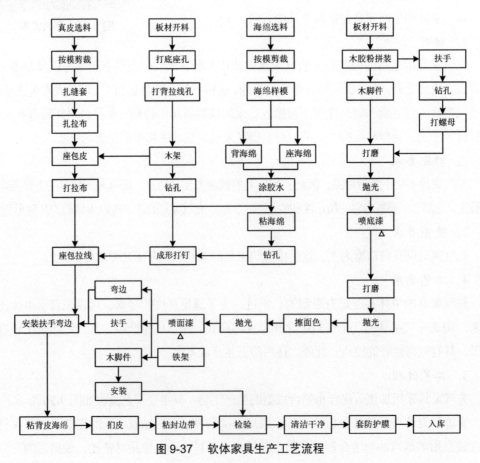

图 9-37　软体家具生产工艺流程

2. 弹簧床垫生产工艺流程

下面以床垫为例，详解其生产工艺流程。

（1）床垫的制作工艺流程

该工艺流程如图9-38所示。

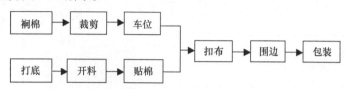

图9-38　床垫制作工艺流程

（2）床垫裥棉制作工艺

该工艺流程为：打开开关→原材料上机→选择花型→排针方法→启动运行→检验→完工出布。如表9-1所示。

表9-1　床垫裥棉制作工艺

序号	工艺过程	操作工艺	制作图	设备工具	备注
1	打开开关	（1）打开总电源 （2）打开机台电源 （3）按开机按钮		裥棉机 裥棉针 剪刀 卷尺 胶袋 胶纸机	
2	原材料上机	（1）备好原材料（无纺布、海绵、树脂棉、羊毛棉、布料） （2）抬上机架子 （3）按先后顺序放置			
3	选择花型	（1）点击"选择花型" （2）选择所需要的花型（花号） （3）进入操作界面，设置相关参数			
4	排针方法	（1）选择相符的针型（号） （2）根据花形的不同排出不同的排针方式			
5	启动运行	（1）检查机台上有无异物是否处于正常状态 （2）开启运行按钮		裥棉机 裥棉针 剪刀 卷尺 胶袋 胶纸机	
6	检验	（1）要求底面不可有脏污 （2）不能有面料破洞、抽纱、打皱、尺寸小等 （3）不能有花型变形或扭曲			
7	完工出布	（1）出布后用剪刀按型号剪开 （2）用胶带包好 （3）放到指定区域			

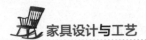

（3）床垫裁剪制作工艺

该工艺流程为：开机→调机→上料→设置参数→开裁→检验。如表9-2所示。

表 9-2　床垫裁剪制作工艺

序号	工艺过程	操作工艺	制作图	设备工具	备注
1	开机	（1）打开总电源开关 （2）打开机台电源		手点	
2	调机	（1）调试机器上的刀具 （2）调试宽度尺寸			
3	上料	（1）把面料用钢管串好上架 （2）将面料放正并用机台滚筒压住		扳手 螺丝刀 裁剪机 杆尺 卷尺 剪刀	
4	设置参数	（1）在裁剪机显示屏上设置所需参数 （2）确定保存参数			
5	开裁	（1）开机运行裁剪 （2）对第一片裁片进行首检			
6	检验	（1）不能有面料尺寸偏差 （2）不能有围条尺寸偏差 （3）不能有虎口尺寸偏差 （4）不能有面料脏污			

（4）床垫车位制作工艺

该工艺流程为：开机→调试针距→锁边→把手打点→接围条车把手→车布标→车虎口→检验，如表9-3所示。

表 9-3　床垫车位制作工艺

序号	工艺过程	操作工艺	制作图	设备工具	备注
1	开机	打开机台电源		针车	
2	调试针距	根据所需要的针距进行调试，保持适当距离		针车 锁边机 把手机 布标机 虎口机 卷尺 杆尺 剪刀 螺丝刀 针车针 手缝针	
3	锁边	（1）将围条、虎口、面料平放进行锁边 （2）锁边成直线并确保顺畅			

（续表）

序号	工艺过程	操作工艺	制作图	设备工具	备注
4	把手打点	根据尺寸找对该把手的位置并进行打点表示		针车锁边机把手机布标机虎口机卷尺杆尺剪刀螺丝刀针车针手缝针	
5	接围条并车把手	（1）接围条时上下对齐（2）车把手时要求把手车成"X"形状	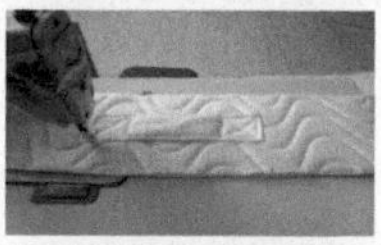		
6	车布标	（1）将布标车在指定位置（中间）（2）对于布标要求车顺、车正			
7	车虎口	（1）先量好所需要的尺寸（2）再把无纺布与虎口平齐车牢			
8	检验	根据车位检验规范进行检验			

（5）床垫打底制作工艺

该工艺流程为：准备原物料→床网→打底→串线→半成品摆放→检验，如表9-4所示。

表9-4　床垫打底制作工艺

序号	工艺过程	操作工艺	制作图	设备工具	备注
1	原物料	根据订单备原物料（定型棉、平衡网、白棉）		卷尺剪刀	
2	床网	根据订单准备床网			
3	打底	（1）首先把床网平放在桌面上（2）将平衡网和定型棉铺好（3）先将四角用打底枪钉固定在床网四角（距离为5cm）（4）固定好后再把床网四周打上枪钉（间距为10cm）	 	手套打底枪钳子穿线针踏板叉车	

序号	工艺过程	操作工艺	制作图	设备工具	备注
4	串线	（1）打底后的床网宽度在150cm以上需要串线 （2）串线位置在床网中间 （3）将线拉紧绑好			
5	半成品摆放	将床网标示清楚并分类整齐摆放在踏板上			
6	检验	根据检验规范进行检验			

（6）床垫开料、贴棉制作工艺

该工艺流程如下，具体见表 9-5。

原材料→开乳胶

喷胶、贴棉→成品摆放→检验

原材料→独立筒床网

表 9-5　床垫开料、贴棉制作工艺

序号	工艺过程	操作工艺	制作图	设备工具	备注
1	原物料	根据订单备物料（乳胶、3D 棉、七孔乳胶、海绵、白棉、热熔胶等）	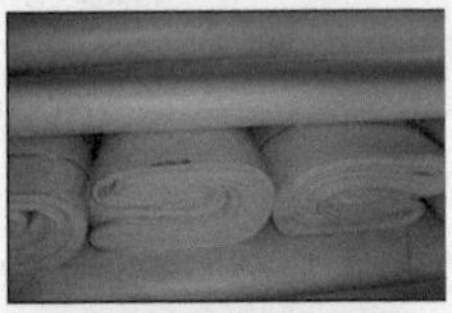	踏板 卷尺 剪刀 电剪 热熔胶机 直尺	
2	开乳胶	（1）把乳胶平坦放在工作台上 （2）乳胶不可以有拉力 （3）用直尺定好尺寸并做好标记 （4）机裁要定好尺度 （5）开料不可有毛边，开好乳胶并按类叠放整齐			
3	床网	根据订单尺寸型号选定床网			
4	喷胶贴棉	（1）将床网放在台面中间 （2）选好与床网相等的海绵 （3）用热熔胶把棉与床网对齐粘合			

（续表）

序号	工艺过程	操作工艺	制作图	设备工具	备注
5	检验	根据检验规范进行检验			

（7）床垫扣布制作工艺

该工艺流程为：准备面料、床网→扣布→套围条→装风孔→摆放→检验，如表9-6所示。

表9-6　床垫扣布制作工艺

序号	工艺过程	操作工艺	制作图	设备工具	备注
1	备料	根据订单准备所需要的面料、床网和热熔胶	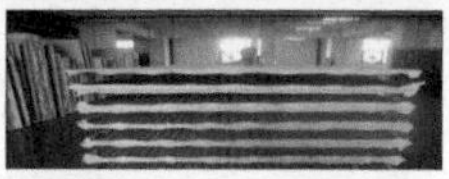		
2	扣布	（1）将床网放置于台面 （2）加垫四角的护角 （3）将面料平铺在床网上 （4）用扣布枪先固定四角，再依次扣好四边 （5）将海绵与面料用热熔胶粘合（四边对齐）	 	卷尺 剪刀 热熔胶机 扣布枪 踏板	
3	套围条	把围条套正			
4	装风孔	将风孔装在把手外的旁边			
5	半成品摆放	将扣布后的床垫标示清楚并分类整齐摆放在踏板上			
6	检验	扣布检验规范			

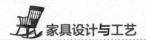

（8）床垫围边制作工艺

该工艺流程为：开机→上料→测量尺寸→围边→围边完成品。如表 9-7 所示。

表 9-7　床垫围边制作工艺

序号	工艺过程	操作工艺	制作图	设备工具	备注
1	开机	（1）打开总电源开关 （2）打开机台电源开关			
2	上料	（1）把边带放在围边机物料盘内 （2）将边带从围边筒内串出对齐	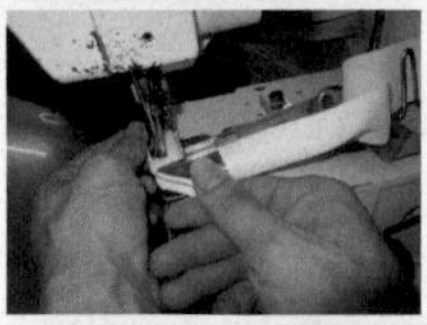		
3	测量尺寸	把扣布完成品床垫放于围边台面自检			
4	围边	（1）在垫尾部围条接头处开始作业（尾部中间） （2）将面料与围条对齐放入周边筒内并加入海绵条。开始围边	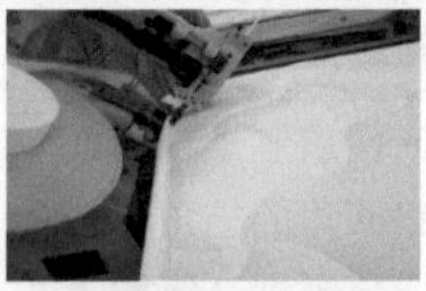 		
5	围边完成品	将围边完工后的成品床垫分类，整齐摆放在踏板上			

（9）床垫包装制作工艺

该制作工艺如表 9-8 所示。

表 9-8　床垫包装制作工艺

序号	工艺过程	操作工艺	制作图	设备工具	备注
1	将床垫平放在台面上剪线头并清理油污	（1）用气枪吹干净外部线毛 （2）用去污剂将油污、锈迹清理干净 （3）用小剪刀把线头减掉 （4）在床垫四周检查围边爆边	 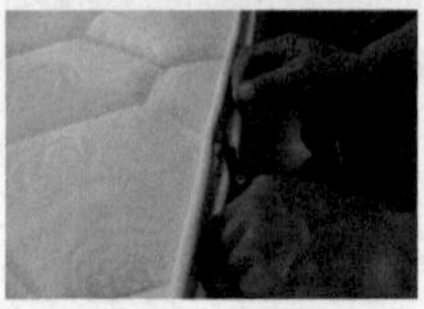	剪刀 卷尺 风枪 封胶机 清洗剂	

（续表）

序号	工艺过程	操作工艺	制作图	设备工具	备注
2	查看床垫型号、布标、把手及风孔距离	（1）首先确认布标与床垫相符 （2）找出相对应的条码和出货标签 （3）检查风孔与床垫品牌是否相符 （4）把手尺寸、大小、高度、把手距离	 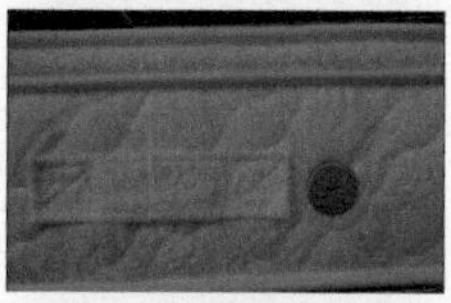		
3	合格品的包装及入库管理	（1）床垫检验合格后装入PE胶袋内 （2）放入说明书和干燥剂 （3）用胶带封好，套牛皮纸或纸箱 （4）按型号放入出货区	 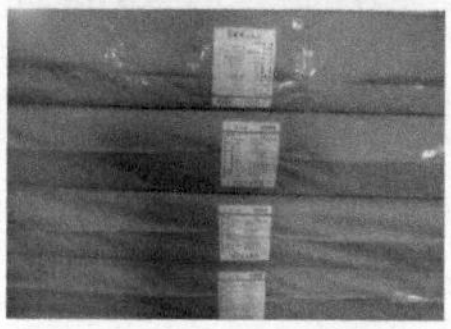		

第10章
金属家具结构设计

10.1 金属家具概述

金属家具即主要部件是由金属所制成的家具，其所用材料易于加工，实现机械化自动化，从而提高劳动生产率。根据所用材料可分为全金属家具、金属与木结合家具、金属与非金属材料结合的家具等，如图10-1、图10-2和图10-3所示。

图 10-1　全金属家具

图 10-2　金属与
木结合的家具

图 10-3　金属与玻璃结合的家具

金属家具除上述几种常见的外，还有由多种材料组合而成的金属家具。这种综合型材料制成的金属家具，产品比较独特，对设计人员的专业知识要求较高，设计人员需要对家具多种材料的连接结构有比较深入的了解。同时，在设计时还要考虑家具的稳定性、安全性与操作性，因为此种家具的制造、安装与一般金属家具有很大的不同。目前，市场上已经出现了由木材、铁质、钢材以及玻璃组合而成的家具，如图10-4所示。这种集合4种材料于一体的金属家具的出现，是与人们日益增长的个性需求密不可分的。

一般，金属家具的主要构成部件多采用各种不锈钢管材、钢管材、木材，以及各类玻璃、人造板、皮革等。金属家具的各种造型主要是通过对其所用的金属材料进行冲压、弯曲、模压和焊接等加工工艺获得。如果要获得美观、防蚀的表面，还

图 10-4　多种材料组合而
成的金属家具

要用电镀、喷涂等加工工艺对其表面进行相关处理。在金属家具的组装，其常采用焊接、螺钉、销接等多种连接方式进行连接。金属家具多见于公共场所。

10.1.1　金属家具的形式

家具材料的使用，以及加工工艺的选择决定了家具的形式。在我们的实际生活中，家具不是艺术品，而是使用品。因此，无论何种造型，也无论何种结构，功用性依旧是所有家具的首要要求。金属家具也不例外。

金属家具的造型结构多种多样，我们常见的有固定式金属家具、拆装式金属家具、套叠式金属家具、折叠式金属家具以及插接式金属家具等。

1. 固定式金属家具

固定式金属家具的结构特点是，其产品的每一个构件之间都采用焊接或铆接使其固定起来。这种结构的优点是：方便设计，特别牢固，形态稳定，结构恢弘，如图 10-5 所示。这种结构的缺点是：镀涂工艺复制，常受场地限制，生产工效低下，体积较大运输不便。

2. 拆装式金属家具

拆装式金属家具的结构特点是：在组合时，可将产品的几大部件用螺栓、螺钉及其他可拆部位连接起来。在分解时，则将产品的几大部件用拆解开来。拆装式金属家具的生产要求是讲究紧固件的强度与精度，拆装方便稳妥，同时加装防松装置等。这种形式有利于设计多用的组合家具。这种结构的优点是：零件可以拆卸，方便镀涂加工，体积可以缩小，方便包装运输，经济效果明显。这种结构的缺点是：因经常要进行拆装，其连接件容易磨损，同时也不如固定式金属家具牢固稳定，如图 10-6 所示。

图 10-5　固定式金属家具

图 10-6　拆装式金属家具

3. 套叠式金属家具

套叠式金属家具在座椅中较为常见，它的设计集合了固定式金属家具、拆装式金属家具以及折叠式金属家具的优点。这种家具在餐厅、酒楼、会场等场所使用广泛。其加工工艺有较高的精度要求。在套叠时，应该注意椅子之间的稳定与平衡，防止碰撞摩擦。这种结构的优点是：稳定牢固，外形美观，占地面积小（可把多张椅子套叠起来），同时包装及运输容积也较小，如图 10-7 所示。

4. 折叠式金属家具

图 10-7　套叠式金属家具　图 10-8　折叠式金属家具

折叠式金属家具（下文详述）运用平面连杆机构的原理，以铆钉结合作为铰链结构，把产品中的各部件连接起来，使其具有折叠的功能。这种结构的优点是，体积小巧，使用方便，经济实惠。这种结构的缺点是，在造型设计上有一定的局限性，如图 10-8 所示。

5. 插接式金属家具

插接式金属家具的结构特点是：利用管子作为插接件，将小管的外径插入大管的内径之中，从而使两个家具产品连接起来，如图 10-9 所示。这种形式的金属家具也可以起到拆装的效果，且其比拆装式的螺钉连接方便得多。竖管的插入连接，是利用家具产品的本身自重使之不易滑脱。

图 10-9　插接式金属家具

10.1.2　金属家具基本结构形式的应用

如今，随着社会经济的发展，人们的文化和物质生活水平不断提高，家具单纯的功能性显然已经满足不了人们对多样生活的追求。家具作为居住环境重要的构成部分，人们还将其作为美化生活的一项重要内容。因此，家具设计按使用功能配套并达到与生活环境的和谐统一，是新时代下金属家具的"职能"之一。

按基本结构形式的应用，金属家具可包括多用金属家具、悬挂金属家具、组合金属家具以及成套金属家具。

1. 多用金属家具

多用金属家具一般采用折叠结构，也有采用拆装、套叠或插接等结构的。多用金属家具（如金属折叠床）的优点是：稳定牢固，功能多用，轻便灵活。还有一种床可以做到，拼起来是一张双人床，拆开来是两张单人床，叠起来则成为一张双层床。一种床演变出三种形式，可见其功能的多用。

2. 悬挂金属家具

悬挂金属家具是利用金属构件把家具悬挂在墙壁或隔板上，其形式主要有固定结构、拆装结构和折叠结构。这类家具可将一个单体悬挂，也可以将几个单体通过适当的组合成组地挂起来。悬挂金属家具主要应用在柜、架、橱上。设计悬挂式的金属家具，主要应考虑如何悬挂的问题。对于砖墙，应将钉子钉进砖缝里，对于轻质墙，则应把钉子钉在龙骨上。否则会因金属家具过重而导致脱落，如图 10-10 所示。

3. 组合金属家具

组合金属家具是指将多种由标准件组装的单件家具互相排列或堆叠成为一个整体的家具。组合金属家具可以根据使用功能和外形排列、堆叠的变化设计成各种类型。需要注意的是，构成组合金属家具的单体，其尺

图 10-10　悬挂金属家具

度必须一致，外形、颜色也要统一。组合金属家具的优点是：单件体积小，重量较轻，搬运方便，功能多样。每个单体的金属构件可以统一生产，有利于实现生产连续化和机械化。

4. 成套金属家具

成套金属家具的结构一般以固定式为多，当然也可以进行拆装。成套金属家具在外形、

大小及颜色等方面要与周围环境相互衬托，从而适当地确定相关的配套数量和类型，这样也方便布局。成套金属家具通常包括多种实用功能不同的家具，因此，必须在变化中求统一，在差异中求一致，使不同功能的金属家具融为一体，如图 10-11 所示。

图 10-11　成套金属家具

10.2　金属家具的主要材料

金属家具的主要材料通常包括铝合金、不锈钢、铸铁等。其主要材料通常还包括金属件涂料。

图 10-12　铝合金材料

1. 铝合金

铝合金的优点是：比重小、强度高、塑性好。其主要是以铝为主要材料，加入一种或多种其他元素（如镁、硅、铜等），用以避免纯铝强度低的情况。此外，铝合金还有优良的抗腐蚀性能及氧化着色性能，是制作金属家具比较理想的轻金属材料，如图 10-12 所示。一般轻金属家具多选用强度中等、耐蚀性高、焊接性能良好，以及无应力腐蚀破裂倾向的铝合金材料。铝合金材型有管材、板材、线材和棒材等多种。管材在制作铝合金家具上，其断面可根据用途、结构、连接等要求轧制成多种形状，并且可得到理想的外轮廓线条。

目前，随着金属家具的迅速发展，所用材料也不单纯是管材或型材，而是根据产品品种及结构的需要，采用金属压铸或铸造，以使产品更富艺术性与欣赏性。

2. 不锈钢

不锈钢的特点是：含碳量越高，耐蚀性则越差，但其强度随含碳量的提高而增加。不锈钢中最常用的元素是铬、镍，它们可以使钢的表面形成一层钝化膜，有效地减缓金属被腐蚀破坏。不锈钢除了有良好的耐蚀性能外，和其他金属材料一样，还具有良好的加工性能，如图 10-13 所示。

3. 铸铁

铸铁是将生铁熔炼为液态再浇铸成铸铁件而成。铸铁优点是：质量很大，强度较高，抗压性能好。其多用于家具的受力部位，如座面、桌椅腿等。

图 10-13　不锈钢

4. 金属件涂料

金属件涂料由成膜物质、颜料、溶剂和助剂组成。按其组成成分可分为纯金属及其合金、自熔合金粉末、陶瓷材料、复合材料等。应该注意，被涂材料不同，涂饰材料也因此不同。

如涂饰铝及铝合金表面应选用锌铬黄防锈漆，而涂装钢铁表面可选用环氧铁红防锈漆，如图 10-14 所示。

图 10-14 各种金属涂料喷图效果

10.3 金属家具的连接结构

10.3.1 金属家具的基本结构类型

金属家具的结构连接主要分为焊接、铆接、螺纹连接、销连接和组合连接等多种形式。

1．焊接

（1）基本概念

焊接指的是两种或两种以上的金属在一定的施工条件下焊成设计要求规定的构建，主要用于承载力较大的零件。

（2）影响因素

焊接的性能受焊接材料、工艺、构建类型及使用要求的影响。同时，影响金属焊接性的因素还包括不同金属的化学成分、金属的粗糙程度、焊材的填充材类以及焊接方法等。

（3）焊接类型

金属家具的焊接类型包括压力焊、熔化焊和钎焊三种。

压力焊也叫作固态焊接，指的是在加压条件下使两个结构件实现连接。压力焊包括电阻焊、电容储能焊两种。

熔化焊是指在不加任何压力的情况下，将构件接口加热至熔化状态后而完成的焊接方法。熔化焊将两接口处加热熔化，在冷却之后就会形成连续的焊缝，于是两个结构件就连接在一起。

钎焊是指用熔点低的金属材料作为焊材，将熔融状态的钎料填充在两个结构件接口的间隙外，将结构件进行连接的方法。一般金属家具载荷较大，因此多用钎焊方法焊接。

焊接常见的几种类型、表示符号及焊接温度如表 10-1 和图 10-15 所示。

表 10-1 焊接常见类型及表示符号

名称	示意图	符号
I形焊缝		
Y形焊缝		
带钝边单边V形焊缝		
带钝边单边U形焊缝		
封底焊接		
角焊缝	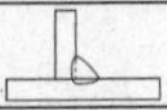	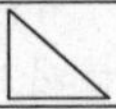
塞焊缝	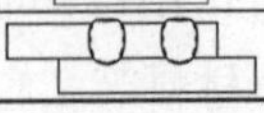	

（4）焊接优缺点

焊接是两种结构件之间的"死连接"，因此它的牢固程度特别强。焊接的优点是：特别牢固，承载力重，适用于较大的家具组件。焊接的缺点是：较多手工操作，搬运困难，不易拆卸。

2. 铆接

铆接是指将结构零部件在进行电镀、喷涂、氧化等表面处理后再进行装配，其主要用于拆叠结构或不适用于焊接的金属家具。铆接分为活动铆接和固定铆接两种。铆接的基本形式包括对接、搭接和角接，如图 10-16 所示。铆接给生产带来了很大的方便，它基本不受材料、环境及场所的影响。

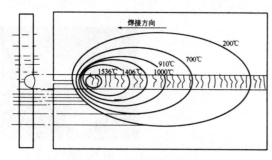

图 10-15　焊接的瞬时温度

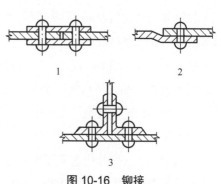

图 10-16　铆接

1- 对接；2- 搭接；3- 角接

3. 螺纹连接

螺纹连接可在结构零部件进行电镀、喷涂、氧化等表面处理后再进行装配。螺纹连接的优点是：连接结构简单，形式多种多样，零件来源广泛，随时随地可拆装，使用方便。螺纹连接在金属家具以及其他非金属家具中应用非常普遍，如图 10-17 所示。

金属家具中的螺纹连接包括普通连接和特殊连接。普通连接由螺栓或螺钉构成；转椅的转动结构部分采用特殊连接。

金属家具螺纹连接以金属材料为主，辅以其他非金属材料如木材、塑料、皮革等而制成。

图 10-17　螺纹连接

金属家具中螺纹的种类包括普通螺纹和木螺纹。

• 普通螺纹：主要以螺丝、螺母以及垫片组成，其连接件均为金属件。

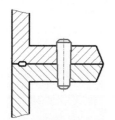

图 10-18　销连接的结构形式

• 木螺纹：无预制螺纹孔，在连接时自攻形成螺纹孔。

4. 销连接

销连接主要用于不受力或受力较小的零件，起定位和帮助连接的作用。为保证产品的稳定性，起定位作用的销一般不少于两个。销的直径大小则可根据使用的部位进行确定，如图 10-18 所示。

5. 组合件连接

组合件连接是对以上连接形式的一种补充。常见的组合件包括液压支撑、弹簧类门铰和液压式门等，常用于厨柜、储藏柜类等家具产品。

10.3.2 金属家具零部件的连接方式

包括金属家具在内，家具的五金零件种类繁多，根据产品功能分为铰链系列、拉手系列、滑轨系列、管脚系列和转轮 / 盘系列等。

1. 铰链系列

铰链分为普通门铰链、门头铰链、暗铰链，暗铰链又分为杯状暗铰链、铝合金门框铰链、玻璃门铰链和折叠门铰链等。

以下将重点介绍下暗铰链（见图 10-19）。

暗铰链按产品使用功能类别分为杯状暗铰链、铝合金门框铰链、玻璃门铰链、折叠门铰链等。

（1）杯状暗铰链

杯状暗铰链按产品构造又分为普通型和液压型两种。

图 10-19　暗铰链

- 主要制造材料：冷轧钢板，301、201 不锈钢；
- 表面处理方式：多采用电解、镀镍处理来防止产品的氧化、腐蚀；
- 不同构造功能：可拆卸的快装，可上下、左右、前后调节的快调；
- 杯头暗铰链种类：有全盖门（直臂铰）、半盖门门铰（小曲臂铰）和嵌门门铰（大屈臂铰）；
- 铰杯直径包括：26mm、35mm、40mm、42mm，常用铰杯直径有 35mm、40mm；
- 铰杯孔距类型：45mm 孔距、48mm 孔距、52mm 孔距；
- 开启角度：93°、95°、105°、165°；
- 铰杯深度：11.5mm；
- 适用门板厚度：14 ~ 21mm；
- 杯状暗铰链构造组成包括：铰杯、装饰盖、底座、钢片、液压缸、螺丝和销钉。

（2）铝合金门框铰链

- 主要制造材料：冷轧钢板，301、201 不锈钢；
- 表面处理方式：镀镍；
- 不同构造功能：可拆卸的快装，可上下、左右、前后调节的快调；
- 常用铰链种类：有全盖门门铰、半盖门门铰和嵌门门铰；
- 开启角度：95°；
- 铰杯深度：11.5mm；
- 适用门板厚度：19 ~ 21mm；
- 铝合金门框铰链构造组成包括：铰杯、底座、钢片、液压缸、螺丝、销钉等。

（3）玻璃门铰链

- 主要制造材料：冷轧钢板，301、201 不锈钢；

- 表面处理方式：镀镍；

- 不同构造功能：可拆卸的快装，可上下、左右、前后调节的快调；

- 常用铰链种类：全盖门门铰、半盖门门铰和嵌门门铰。

- 开启角度：93°，105°；

- 铰杯直径：26mm，35mm；

- 铰杯深度：4 ~ 8mm；

- 适用门板厚度：19 ~ 21mm；

- 玻璃门铰链构造组成包括：铰杯、装饰盖、底座、钢片、液压缸、螺丝、销钉等。

2. 拉手系列

拉手按主要材料组成主要分为金属拉手、塑胶拉手、木拉手、皮拉手、陶瓷拉手和合成拉手等，如图 10-20 所示。其中，金属拉手又包括铝合金拉手、不锈钢拉手、铜合金拉手、锌合金拉手以及锌铝合金拉手等。

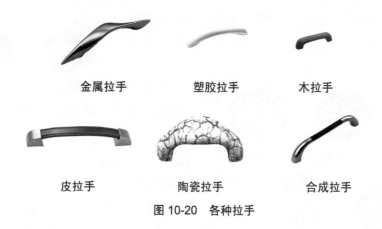

| 金属拉手 | 塑胶拉手 | 木拉手 |

| 皮拉手 | 陶瓷拉手 | 合成拉手 |

图 10-20　各种拉手

3. 滑轨系列

滑轨根据其结构构造有二节滑轨和三节滑轨。根据产品功能区分为普通走珠路轨、有托底路轨、带耳路轨、自动回弹式路轨、单双排挂式路轨、缓冲路轨、内藏式路轨等。如图 10-21 所示。

4. 管脚系列

家具金属管脚按材料组成分为铝合金管脚、钢管脚、铁管脚、锌合金管脚和锌铝合金管脚等。这些管脚的形状有方形管脚、圆形管脚、圆锥形管脚和杯型管脚等，如图 10-22 所示。

在家具制作中，常用的管脚有铝合金管脚和锌合金管脚。铝合金管材的优点是：机械性能好、抗腐蚀性能强，其多用作

图 10-21　滑轨

柜脚、沙发管脚、桌台管脚等。

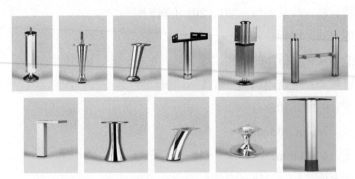

图 10-22　各种管脚

5. 转轮 / 盘系列

（1）转轮

转轮常用于家具的班台椅、轮椅、工具车、电脑桌、台面及搬运车等方面。

转轮按功能形式主要有制轮和无制轮，如图 10-23 所示。

转轮按连接形式主要区分为夹板式转轮、插杆式转轮、螺丝式转轮、平底式转轮、平底合金转轮等，如图 10-24 所示。

夹板式有制轮　　夹板式无制轮

插杆式有制轮　　插杆式无制轮

图 10-23　有制轮和无制轮

转轮尺寸规格：直径 40、50、60、75、82、100、122、125 和 180。（单位：mm）

螺丝式有制轮　螺丝式无制轮　平底式有制轮

平底式无制轮　　平底合金转轮

图 10-24　各种连接式转轮

（2）转盘

转盘主要常用于家具餐桌、转椅、沙发等方面。转盘按结构形状区分，有圆形转盘和方形转盘；按主要制造材料区分，有铁转盘、铝合金转盘和塑胶转盘；按功能别区分，有餐桌转盘、沙发转盘、电视转盘和转椅转盘等，如图 10-25 所示。

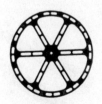

圆形塑胶转盘　　　圆形铝转盘　　　方形铁转盘　　　沙发转盘

图 10-25　各种转盘

10.4　金属家具的加工及零件设计

10.4.1　管件加工工艺及要求

1. 管件加工工艺

以铝合金金属家具管件为例，管件加工工艺流程如图 10-26 所示。

2. 管件加工要求

1）零件加工严格按图纸进行，形状、尺寸、外观应符合设计要求；

2）截断直径应控制在管标准直径的 2% 以内，且截断口不允许有飞边和明显的毛刺；

3）加工管件不许有油污、伤痕、氧化；

4）不允许存在开裂、变形、砂眼、发黑等缺陷；

5）连接螺牙不得有烂牙、滑牙，螺纹深度必须符合图纸要求；

6）铜、铝、不锈铁管件需特别注意管加工时因夹紧所造成的夹伤、夹痕（深度要求不允许超过 0.15mm），避免造成如抛光打磨等后续工序的难度。

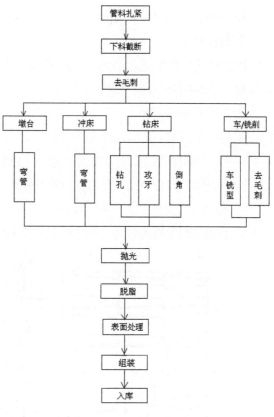

图 10-26　管件加工流程

10.4.2　板件加工工艺及要求

1. 板件下料工艺标准

（1）气割工艺标准

- 确认图纸：确定材质，确定钢板，确定数量。

- 气割要点：在气割前确认设备运转正常，选择正确的工艺参数，去除钢材的表面污垢，先割大件后割小件，先割复杂后割简单。

- 气割偏差，如表 10-2 所示。

（2）剪板机工艺标准

- 确认图纸

表 10-2 气割偏差

项目	允许偏差（mm）
零件宽度	±3.0
割纹深度	0.3
局部缺口深度	1.0

确定材质，确定材料（先用废料，再用大板）。

② 剪板要点

检查剪刀是否锋利，适当调节刀刃间隙，剪切长度不超过下刀刃长度，观察边线是否有异常，材料剪切后修磨毛刺。

③ 多次剪切小技巧

多次剪切小技巧如下，如图 10-27 所示。

1）确定开料排版图，再剪出可利用模具剪切的"分剪后的工件"。

2）利用首次定位剪出一件带直角的毛料 A。

3）利用二次模具定位剪切得到毛料 C。

4）再利用模具将毛料 A、毛料 C 及其他毛料定位剪切得到"工件"。

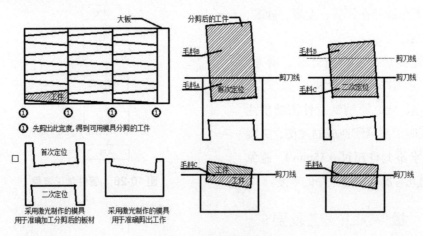

图 10-27 多次剪切

2. 板件钻床工艺标准

（1）钻孔和尺寸允许偏差

表 10-3 钻孔和尺寸允许偏差 单位：mm

螺栓公称直径螺栓孔直径	螺栓公称直径允许偏差	螺栓孔直径允许偏差
≤10	0～0.1	0～0.1
10～18	0～0.18	0～0.18
18～30	0～0.21	0～0.21

（2）孔差的解决办法

允许采用与母材材质相匹配的焊条补焊后重新制孔。

首件钻孔后应与相应的其他连接试装，确保无误后再批量加工。

3．焊接工艺标准

1）清除待焊处表面的水、锈、油漆等杂质。

2）焊缝表面不得有纹裂、焊瘤等缺陷。

3）薄不锈钢板可沉入水箱露出需要焊接的工件位置，以减少水波纹。

4）对焊接处打磨至平滑。

4．校正工艺标准

- 校正形式：校正包括校直、校平及校形。
- 变形测量：用目测或直尺等确定变形大小。
- 校正方法：手动或利用外力等。

5．表面处理工艺标准

- 烤漆处理：静电喷涂。
- 电镀处理：利用电解作用使金属表面附着金属膜。

在实际生产中，每一种金属家具都要经过多道工序才能完成，为了用最低的成本生产出最优质的产品，在制作工艺上应根据材料的特性和加工方法的特点，正确制定和选择工艺。金属家具制造工艺注意事项包括以下 4 个方面。

1）根据产品特点选择适当的工艺。

2）正确选择材料和结构。

3）提高零部件的标准化。

4）合理简化工序。

10.5　折叠家具的结构形式及折动点设计

10.5.1　家具的折叠式结构形式

运用平面连杆机构的原理，以铆钉结合作为铰链结构，进而把产品中的各部件连接起来的结构就是折叠式家具。折叠式家具的优点是：家具具有折叠功能，体积小巧，使用方便，经济实惠。折叠式家具的缺点是：在造型设计上有一定的局限性。

在日常生活中，折叠式结构的家具随处可见，并以桌椅类居多。折叠家具便于携带、便于存放和便于运输的优点，成为了许多公共场所的首选家具，如展览馆、餐厅、会议室等。在居住面积较小的房屋中，折叠式家具也常常成为家具的主角，随用随展。

折叠式家具包括堆叠式和折动式两种结构。

1. 堆叠式结构

一定数量及多件相同形式的家具通过堆叠，即构成了折叠家具的堆叠式结构。堆叠式家具设计得越合理，其堆叠的家具就越多。堆叠式结构不仅节约了存放空间，而且对于需要搬动的家具还方便了运输。我们常见的堆叠式家具主要有桌台类、柜类和椅类，其中最常见的是椅类。实际上，堆叠结构与其他结构家具相比并没有什么特殊之处，主要是在家具设计时多多考虑如何堆叠的基本方式，比如是同一形式的家具重叠，还是大家具套小家具等，如图 10-28 所示。

图 10-28 堆叠式家具

2. 折动式结构

折动式家具有多种不同的折动结构方法。其常用的折动方法有两种，一种是零部件之间的钢结合或螺栓结合，一种是部件之间的钢结合或螺栓结合。如果需要家具实现拆卸存放或搬运，那么就选用螺栓结合。一般，折动结构都有两条或多条折动连接线，在每条折动线上可设置不同距离、不同数量的折动点，但必须使各个折动点之间的距离总和与这条线的长度相等，如此才能折得起、合得拢。

在实际应用中，有些具备折动性特点的家具，其主要目的并不单纯是为了方便携带和便于搬运等，而是为了达到某些功能上的需要。比如有的调节式的椅子主要是通过靠背、座面、座高的折动来调节坐姿的角度，或用来调节躺卧时的状态，从而满足各种不同的使用需求。

桌类家具有调节功能（见图 10-29），主要是为了扩展桌面、调节桌面高度，或是灵活地组织不同的使用幅度。一般，采用抽、拉、翻、叠等折动结构的家具多适用于面积较小的居室。

图 10-29 折动式家具

10.5.2 折椅、折桌折动点设计分析

折椅、折桌的折动点设计包括转轴式设计、伸缩式设计以及轨道式设计三种形式。

1. 转轴式设计

转轴式一般运用在餐台、茶几和餐椅等家具上。转轴主要起到支撑受力的作用，外加套固定在转动部件上，达到可转动的功能，如图 10-30 所示。

2. 伸缩式设计

伸缩式设计一般运用在桌椅等产品上。在制作时一

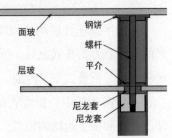

图 10-30 转轴式设计

般采用专业的配件。

3. 轨道式设计

轨道式设计利用曲线轨道的设计来控制伸展部件的运动。为了安全起见，常常在开启或收叠后采用锁扣的模式固定可移动的部件。轨道式设计多运用于餐台和茶几等家具上。

10.5.3　折椅结构形式及折动点设计

在我们所用的生活用品中，多数都要通过一定的方式如折叠、旋转、滑动等形式来进行使用。其中最常见的则属折叠形式，如折叠椅。折叠的方式很多，而且运用也非常广泛，有家庭用的，有户外用的，有办公用的等方面。

折叠椅根据其材料分为皮革折叠椅、塑料折叠椅和合金钢折叠椅等；根据其结构分为U 型折叠椅、V 型折叠椅、婴儿推车等。它们各有各的特点与优点。

1. 折叠椅的优点

- 体积小以便最大节约空间。
- 设计小巧而且携带方便。
- 一般无尖锐部分，比较安全。
- 便于存放和搬运。
- 生产标准化，提高工作效率。

2. 折叠椅的类型

折叠椅在我们的日常生活中很常见，它们以不同的材料、结构服务于各行各业，为人们的生活、办公、出行带来了方便。随着生产技术的进步，以及人们追求物质与精神生活的需求越来高，折叠椅的设计也越来越科学化、人性化，款式也越来越多。

折叠椅按使用场所不同可分为家用折叠椅、公用折叠椅以及沙滩休闲椅等。

- 家用折叠椅：家用折叠椅并非只是在家庭中使用，它使用的范围可包括学校、医院、餐厅、酒店、公司以及家庭等场所。家用折叠椅的座面板与背面板一般用 PP 塑料在模具内一体注塑成型，椅架与椅脚用静电银色粉末喷塑。家用折叠椅的优点是方便搬动、节省空间。
- 公用折叠椅：该种座椅是根据人体形态工程学原理制造而成的，内部装有 S 型弹簧，确保椅背的曲线符合人体的曲线，让坐感更加舒适。
- 沙滩休闲椅：沙滩休闲椅的背部可以调节，一般在医院陪护、垂钓及旅行时使用。

3. 折椅研究与分析

折椅研究分析如表 10-4 所示。

表 10-4　折椅研究分析

		实物图	
家庭用椅	实物图	 折叠前	 折叠中
	结构简图	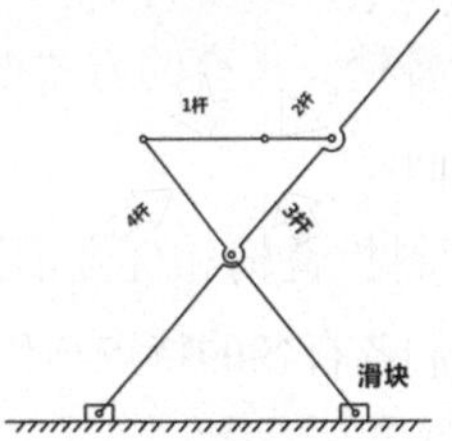 折叠前	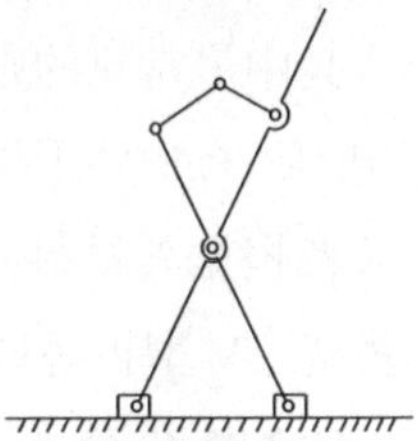 折叠中
	特点	利用简单的原理解决生活中的问题，该款折叠椅节省空间且折叠方便	
	运动过程分析	当折叠椅需要折叠时，将椅面外部边缘向下折叠，致使 1 杆和 2 杆之间的节点向上移动，带动 1 杆的右端和 2 杆左端分别向上，致使 3 杆和 4 杆相互靠拢，使得 3 最终折叠椅闭合（折叠过程中的状态如上图所示）	
家庭休闲折叠躺椅	实物图		
	结构简图		
	特点	该折叠椅可以调节座椅的靠背的位置，可以调节到适合人身坐卧的角度的位置，使人感到舒适，折叠起来所占的空间比较小，适合晒太阳等休闲活动	
	运动过程分析	5 杆和 1 杆的节点可以在调节位置上滑动，这样可以调节椅背的位置。使用者可以根据自己要求调节，以达到舒适的效果。3 杆和 4 杆的节点向下运动，1 杆和 5 杆的节点也将移动到调节位置的最左端，与 6 杆一起向上运动，5 杆与 1 杆同时靠拢，致使 6 杆最终与 4 杆重合，使该折叠椅闭合	

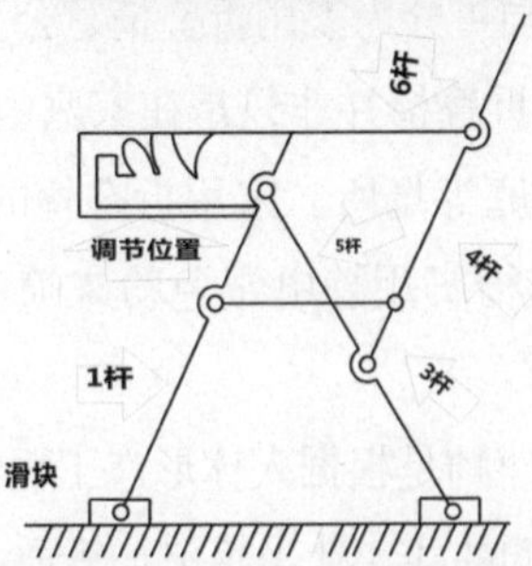

（续表）

家庭小型折叠椅	实物图	
	结构简图	
	特点	该折叠椅结构简单，体积小，非常节省空间。座椅面是用帆布制成，结实耐用。而且人坐着舒适，不会感觉椅面很硬，而是柔软
	运动过程分析	当该折叠椅要闭合时，将A点和B点之间的帆布向下按，使得帆布下凹，使得1杆和2杆围绕1杆2杆的节点转动，1杆和2杆靠拢，直至1杆和2杆几乎重合，再将与1杆经B点相连的椅背向下折，使得椅子闭合
休闲折椅	实物图	 折叠前 　　　　　　　　折叠后
	结构简图	
	特点	该折叠椅是户外型座椅，折叠起来可以用外套套上，方便人们出行时携带。该产品杆件多，承担力大，座椅处是用帆布面制成，材料柔软，可以增加承重能力
	运动过程分析	如果将此折叠椅闭合，要将B点和1杆与滑块的节点之间的帆布向下压，使得帆布下凹（即推动滑块与2杆的节点和B点），此时滑块沿1杆向上移动，2杆的左侧向上移动，右侧向下移动。在推动B点和滑块与2杆的节点时，使得两点间的距离减小，3杆和2杆间距减小，此时前平面中的两个杆也相互靠近，最终使该休闲折叠椅闭合

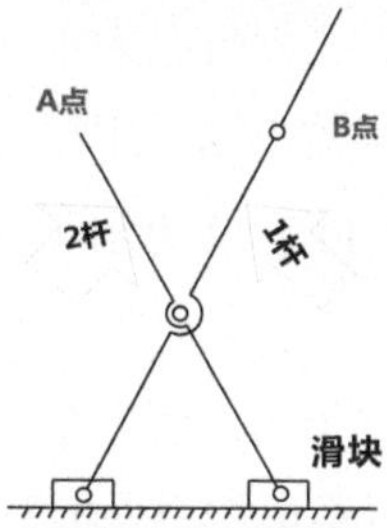

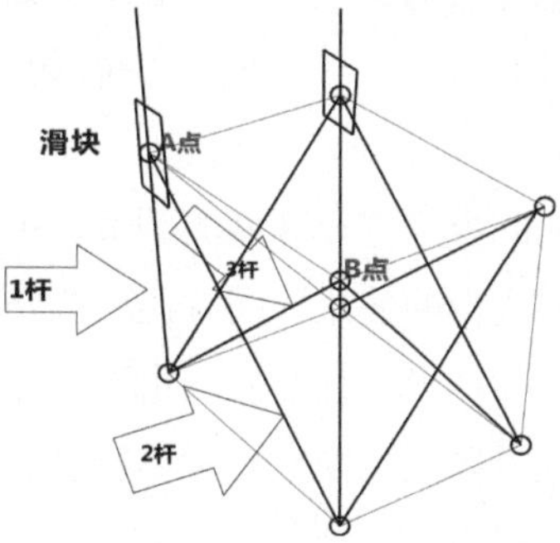

10.5.4　折桌结构形式及折动点设计

折叠桌是具有折叠功能的桌子。折叠桌的优点是方便折叠、便于运输。目前，折叠桌已经成为展会、酒店、学校等场所不可缺少的家具。

1. 折叠桌的分类

折叠桌按材质可分为木质折叠桌、人造板折叠桌、塑料折叠桌以及藤编折叠桌。

- 木质折叠桌：木质折叠桌主要材料为木材，常用木材有杉木、松木等。
- 塑料折叠桌：塑料折叠桌的桌面采用塑料制成，以铝合金作为脚架。
- 人造板折叠桌：人造板折叠桌使用加厚的高密度板，再用硬钢管烤漆工艺制作而成。
- 藤编折叠桌：藤制折叠桌架采用铝合金骨架和塑料藤编织的钢脚钉。

折叠桌按用途可分为家用折叠桌、户外折叠桌和会议折叠桌。

- 家用折叠桌：主要适用于小户型的家庭。
- 户外折叠桌：主要用于野餐、郊游等。
- 会议折叠桌：主要用于各种会议、展览等。

2. 折桌研究与分析

下面以学校寝室的便捷桌为例，对折叠桌进行研究与分析。

便捷桌利用死点位置作为支撑点，并且使四杆恰好重叠在同一直线上，然后固定在床管上，从而可以做到空间的有效利用。便捷桌固定在床管两侧，用管卡相互固定，桌板通过连杆机构实现折叠与展开，如图 10-31 所示。在使用时打开，不使用时折叠收起。结构简单，使用方便。

便捷桌可以根据个人的身高进行高度的调节，可以说便捷桌适合绝大多数人群的使用，同时还不会妨碍其他同学的正常就寝。便捷桌在打开后，由于尺寸比一般小桌子较大，所以可以满足摆放日常书籍、计算机以及写作业的需求。

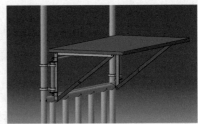
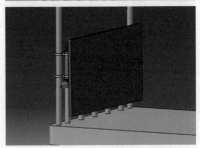

图 10-31　便捷桌

便捷桌由桌板 2、拉杆 3、曲柄 4、连杆 5 以及机架 6 构成，如图 10-32 所示，其中卡箍安装在机架的直径 26mm 的圆管上，另一头与床管 1 连接。当撑起桌面至水平面时，曲柄恰好到达死点位置，实现桌面功能。当收起桌面时，连杆机构的四杆可处于完全重合状态，实现桌面垂直放置，从而节约空间。

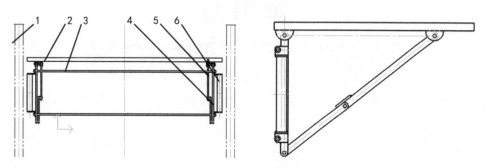

图 10-32　便捷桌结构图

1- 床管；2- 桌板；3- 拉杆；4- 曲柄；5- 连杆；6- 机架

10.6　图解金属家具生产工艺流程

金属家具根据其所用材料和结构的不同，整个产品的工艺流程和所用设备也各异。但是总的来说，它的生产流程基本由图 10-33 所示的顺序组成。

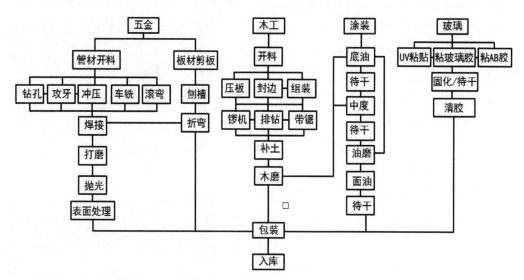

图 10-33　金属家具生产工艺流程

第11章
竹藤家具结构设计

11.1 竹制家具结构

11.1.1 竹制家具概述

竹子是一种常绿植物，盛产于热带、亚热带和温带地区，全球分布极广。其高大、生长迅速的特点成为近年来家具制作材料的新宠。在我国，竹子主要分布在珠江流域和长江流域，秦岭以北仅有少数矮小竹类生长，如图11-1所示。

图 11-1 竹子

近年来，随着森林资源的日益减少，人们对环境保护和节约能源意识的增强，我国有关部门加强了对竹业生产的支持。我国以竹代木的产业取得蓬勃发展，市场不断扩大。在这种利好的环境下，竹制家具开始崭露头角，并不断发展完善，逐步形成了颇具特色的竹制家具系列产品，如图11-2所示。

我国是闻名世界的产竹大国，据最新统计，全国共有竹林面积逾601万公顷，较有名气的竹制家具传统产地为湖南益阳、湖北广济、四川开县和福建漳州等地。除上述地区外，浙江的临安市、安吉县，安徽的广德县，福建的建瓯市、顺昌市，江西的崇义县、宜丰县，湖南的桃江县，广东的广宁县，

图 11-2 竹家具

贵州的赤水市等竹产区也因各自得天独厚的竹资源而成为新兴的竹制家具生产基地。

竹材资源十分丰富，且其材质坚韧、纹理通直、色泽淡雅，是一种可持续发展的材料资源，一直是家具及各种建筑构件的理想材料。

1. **竹制家具优势**

竹制家具的主要优势表现在以下几个方面。

（1）原材料丰富，再生周期短

我国竹子资源十分丰富，竹林总面积逾 601 万公顷。此外，竹子的生长周期约为一般木材的 1/10。

（2）竹制家具材质优良

实际上，竹子的硬度一点也不比木材差。经检测，其抗拉强度、抗压强度均比许多木材要高 2～3 倍。竹子经特殊工艺处理后，不会开裂、变形或脱胶，各种物理性能相当于中高档硬杂木。见表 11-1。

表 11-1 竹集成材与橡木和红松的力学强度比较

材料	干缩系数/%	抗拉强度/MPa	抗弯强度/MPa	抗压强度/MPa
竹集成材	0.255	184.27	108.52	65.39
橡木	0.392	153.55	110.03	62.23
红松	0.459	98.1	65.3	32.8

（3）竹制家具颇具价格优势

竹子原材料比较便宜，竹家具在价格上相当具有优势。拿市面上的常见木板与竹板相比，竹板的价格普遍便宜 25% 左右。

（4）竹制家具自然优美，雅俗共赏

竹制家具取材于大自然，较少使用过多的修饰。在加工过程当中，运用的现代工艺手段明显比木质家具要少，是健康环保家具的首选，如放置于特殊的环境中，别具一番风味。

其实，竹材经过现代工艺的加工处理，完全可以取代木材，成为家具材料的新宠。从可持续发展及环保的角度来看，竹制家具将成为未来家具的主力军是不难想象的，见表 11-2。

表 11-2 竹材集成产品与木质人造板游离甲醛释放量对比

材料	游离甲醛释放量/（mg/L）	备注
竹材集成材（1）	0.8	达到E1标准
竹材集成材（2）	0.7	达到E1标准
细木工板	3.2	达到E2标准
胶合板	3.6	达到E2标准

2. **竹制家具现状**

目前，我国专门生产竹制家具的企业数量少、规模小，竹制家具在家具行业并没有引起足够的重视，整体上发展滞后。大多数竹制家具仍旧沿袭传统的款式，在材料、外观、结构及功能上少有创新，加上以人造板、塑料和藤条等为原料的家具产品的冲击，国内竹家具的市场不尽如人意。因此，在占有如此优势资源的情况下，如何利用竹子这一资源成了当前竹制家具产业迫切要解决的问题。

11.1.2 竹制家具的分类

竹制家具是以竹材为主要原料制作而成的家具，按其结构形式，可分为原竹家具、竹集成材家具、竹人造板家具、竹重组材家具、竹材弯曲胶合家具及与其他材料组合的竹家具。

1. 原竹家具

以中空有节的原竹秆茎作为主要构件的家具，称为原竹家具。我国古代就有原竹家具，如竹床、竹榻、竹椅和竹凳等，如图 11-3 所示。原竹家具以圆竹为框架结构，对竹杆进行卷节、火烤、弯曲、熏蒸、打穴和凿孔等工序之后，采用开槽、弯曲、缠接、

图 11-3　原竹家具

穿插和销钉等接合方式，制作而成原竹家具。比较传统原竹家具在材料、外观、结构以及功能上的墨守成规，如今的原竹家具在这些方面均进行了创新，既保持了原竹特有的质感和性能，又克服了其容易干裂走型的不足，成为了质量上好、外形美观、经济实用的家具产品。

2. 竹集成材家具

竹集成材家具，指的是通过把原竹加工成一定规格的矩形竹片，经防腐、防霉、防蛀、干燥、涂胶、组坯和胶压等工艺进行胶合而成的竹质家具。竹集成材作为一种新型的家具材料，其优点是：力学性能好、收缩率低、幅面大、变形小、尺寸稳定等。竹集成材生产时都要经过一定的水热处理，成品封闭性好，可以有效地防止虫蛀和霉变。在竹集成材家具中，对于竹片上的竹节不需要封边，且各具装饰特色的端面、弦面和径面构成竹集成材

特有的美感，还可通过炭化的竹材和本色竹材的搭配构成不同的图案和色彩，如图 11-4 所示。

图 11-4　竹集成材家具

3. 竹人造板家具

竹材人造板是利用竹材并采用木材人造板的工艺相结合生产的一种人造板材。竹材人造板可细分为竹材胶合板、竹帘胶合板、竹席胶合板、竹塑复合板、竹片贴面装饰板、竹材刨花板、竹材纤维板以及薄竹贴面装饰板等。在家具应用上，多采用竹片贴面装饰板、薄竹贴面装饰板，利用薄竹代替薄木贴面生产的竹人造板家具，具有竹材独特的装饰纹理和色彩，如图 11-5 所示。

图 11-5　竹人造板家具

4. 重组竹家具

重组竹家具是以重组竹为材料制作的家具。其主要流程是，先将竹材疏解成保持纤维原有排列方式的疏松网状纤维束，再经干燥、施胶、组坯成型后热压而成的板状或其他形式的材料。重组竹是在保留竹材基本特性的前提下，不打乱竹材纤维的排列方向，将小径级材和枝丫材等低质竹材重新组合，制成的一种强度高、

具有天然竹材纹理结构的新型竹材。

5. 竹材弯曲胶合家具

竹材弯曲胶合家具主要是利用竹片、竹单板、竹薄木等材料，通过多层弯曲胶合工艺制成的一类家具。

6. 与其他材料组合的竹家具

与其他材料组合的竹家具包括竹木家具、竹钢家具、竹藤家具、竹布家具、竹革家具以及竹金属家具等。

- 竹木家具：是指家具的基本用材为竹材和木材结合而成的家具。该类家具以木材为家具的基本骨架，以竹人造板、竹编织面板等为家具围合板，通过竹板组合而成，如图 11-6 所示。
- 竹钢家具：是指家具的基本用材为竹材和钢材结合而成的家具。该类家具以钢材为家具的基本骨架，以竹人造板、竹集成板等为家具围合板，通过竹钢组合而成，如图 11-7 所示。

图 11-6　竹木家具

图 11-7　竹钢家具

- 竹藤家具：主要由原竹或竹质材料与藤材混合制成的家具。
- 竹布家具：主要由原竹或竹质材料与纺织布料混合制成的家具。
- 竹革家具：主要由原竹或竹质材料与皮革混合制成的家具。
- 竹金属家具：主要由原竹或竹质材料与钢或铝等金属材料混合制成的家具。

11.1.3　竹材加工工艺

要利用竹材制造成各种富有色彩和式样的竹家具，在制作前需要对竹材进行截取、脱油、矫正、磨光、漂白、染色等。

1. 竹段截取

竹段截取，即是把原竹材截成制作竹家具一定尺寸的竹段。竹段的截取又包括骨架竹段的截取、面层框架竹段的截取以及面层竹排竹段的截取。竹段的截取方法分手工锯竹和机械锯竹两种。

- 骨架竹段的截取：该段一般供拱形骨架使用，可截取竹段的下部。竹段下部竹壁较厚、承受力大。
- 面层框架竹段的截取：截取整根竹段的中上部位的竹段。中上部竹段节间长、竹壁薄、易弯曲。
- 面层竹排竹段的截取：选择不带或少带竹节的竹段，如图 11-8 所示。

图 11-8　选竹

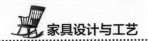
2. 竹段脱油

竹材中含有的水分、糖分、淀粉等统称为"竹油"。把竹段放在高温下加温使其中的"竹油"流出称为脱油。脱油的方法包括蒸煮法和火烤法两种。

● 蒸煮法：在锅中把水煮沸后，将截取好的竹段放入沸水中煮 1 ~ 2h，待竹油逐渐渗出后再把竹段取出，擦去水分，在日光下晒干，晒干后的秆皮呈褐色。在沸水中放入 1% 碳酸纳，只需煮 5 ~ 8min，取出擦去水分，在日光下晒干，秆皮则保持青色。脱油后的竹材较轻，表皮光滑，不受虫害，不易发霉。

● 火烤法：火烤法是将截取好的竹段架在 120 ~ 130℃的炭火上烘烤，加热时间为 15 ~ 20min。待竹油从秆皮中渗出，再迅速用布擦干。为了不烤焦竹皮，在加热过程中要不断地转动竹段。此外，不能在某一局部停留时间过长，否则会引起竹段破裂。

另外，也可把竹段放入干燥箱中，将温度调到 120 ~ 130℃，干燥 0.5h 左右后取出，擦去竹油即可，如图 11-9 所示。

3. 竹段矫正

竹段矫正是将竹子在自然生长过程中出现的弯曲进行矫正。竹段矫正的方法可采用调曲台、调曲棒等工具进行调曲。其步骤是，首先将干燥竹段弯曲部分放在火上加温，当秆皮渗出汗珠状竹油时，再把竹段的一端放入调曲棒槽中缓缓调整弯曲度，然后用冷水降温冷却即可。

图 11-9　干燥

4. 竹段磨光

经过磨光的竹段表皮光泽度较强。其方法是将加工好的竹段放在水中用 2 份细沙和 1 份稻壳混合起来打磨竹段。竹段表皮黑垢比较多的，可直接用沙打磨。

5. 竹段漂白

竹段的表皮原来是黄绿色的，经过脱油干燥后呈现嫩黄色，时间长了则呈黄褐色。如果竹制家具需着其他颜色，则必须将竹材进行漂白。竹材漂白的方法有以下几种。

1）把脱油后的竹材置于密室中，用硫黄熏蒸一昼夜，洗净干燥后竹皮呈洁白色。

2）将竹段浸泡在淘米水中 2 ~ 3d 后，再用草绳打磨。

3）将竹材放在 1% 的漂白粉水溶液中浸泡 60min 左右，再用清水冲洗，而后放入 5% 的醋酸溶液煮沸 0.5h，洗净即可。

6. 竹段染色

竹材染色一般用碱性染料。其方法是，将漂白后的竹段放在 2% 的碳酸钠溶液中，煮沸 3 ~ 5min 后再放入碱性染料溶液中，煮沸 0.5h 即可染上所需的颜色。

11.1.4　面层的加工

竹制家具的面层在装潢、使用上占据相当重要的位置，因此需要对其精心加工才能达到制作的要求。竹制家具的面层一般采用竹片、竹排、藤条、竹篾穿编而成；也可用木板、胶合板、纤维板、塑料板、沙发垫等制成。下面介绍几种常用的面层及其加工方法。

1. 竹条面层

竹条面层是用一根根竹条平行相搭而成的，它也是竹家具中最简单、最常见的面层。其制作方式包括竹条插入式、竹条绳索结合式以及活动竹条面层的结合。

2. 胶合面层

胶合面层是以竹薄片、竹席或木板为材料，用胶料胶制而成的面层。胶合面层的一般做法是，将编好的篾席截成所需的尺寸，再用树脂胶浸制，即可制成。另外也可将竹薄片与各种板面在高温高压下胶合而成。

3. 编结面层

编结面层是指在竹制家具的骨架上用藤条、竹篾等编织而成的面层。编结面层多用于竹藤家具上。编织的花样包括十字花编和井字花编等。

4. 穿结面层

穿结面层是用藤条和绳带等互相穿结而成的面层。和编结面层一样，也多用于竹藤家具上。其做法是，用竹篾、藤条等在骨架面层部位作经线排列，之后做纬线穿结即成。

5. 竹排面层

竹排面层的制作方法是把竹段一分为二纵劈成两半，除去节隔后再从它的两端进行多次反复细劈。竹排面层是大型竹桌、竹床及普通竹家具常用的面层。

11.1.5 竹条板面

竹条板面，即是用多根竹条并连起来组成一定宽度的面板。竹条板面又包括压头板面、压藤板面、孔固板面、槽固板面、钻孔穿线板面以及裂缝穿线板面。

1. 压头板面

压头板面不开孔、不开槽，因而安装板面的架子十分牢固。此外，固面竹杆内侧有细长的弯竹衬作为压条，外观十分整齐，如图 11-10 所示。

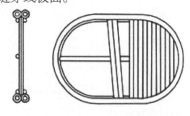

图 11-10　压头板面图

2. 压藤板面

压藤板面是将藤条放在板面上，与下面的竹衬相重合，再用藤皮穿过竹条的间隙，与竹衬缠扎在一起，使竹条固定，如图 11-11 所示。

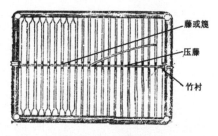

藤或篾
压藤
竹衬

图 11-11　压藤板面

3. 孔固板面

孔固板面的竹条端头是杆榫头或尖角头，在固面竹杆内侧，钻出间距相等的孔，将竹条端头插入孔内即可。

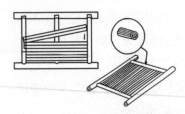

图 11-12　槽固板面

4.槽固板面

槽固板面的竹条比较密排，固面竹杆内侧开有一道条形榫槽，如图 11-12 所示。

5.钻孔穿线板面

钻孔穿线板面是穿线与杆榫相结合的处理方法，如图 11-13 所示。

6.裂缝穿线板面

对于裂缝穿线板面的从锯口翘成的裂缝中穿过的线必须扁薄，竹条端头必须固定在固面竹杆上，竹条疏排，便于串蔑使裂缝闭合，如图 11-14 所示。

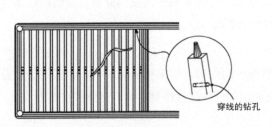

穿线的钻孔

图 11-13　钻孔穿线板面

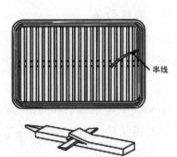

串线

图 11-14　裂缝穿线板面

11.1.6　榫和竹钉

竹家具各组成部分主要靠榫接合，竹杆上的榫叫包榫，竹衬上的榫叫插榫。使榫与竹杆接合的是竹钉。

其接合方式一般是，两片榫头交搭，同时榫头上的小舌入槽，使其不能上下移动。然后在搭口的中部剔凿方孔，将一枚断面为平行四边形，一边稍细、一边稍粗的楔钉贯穿过去，使其不能左右移动。

竹家具常见的榫结构及竹钉如图 11-15、图 11-16 和图 11-17 所示。

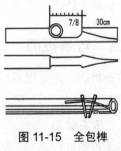

图 11-15　全包榫

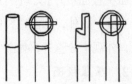

图 11-16　齐头插榫、半壁插榫

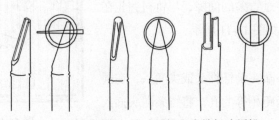

图 11-17　斜口插榫、尖头插榫和密缝钉头插榫

11.1.7 竹制家具的骨架结构与工艺

竹制家具的骨架是力的主要承受部分，它体现了竹制家具的大体造型。竹制家具的骨架制作包括竹材的弯曲和骨架的接合两个方面。

1. 骨架竹段的弯曲

竹段的弯曲即是把竹段弯曲成竹家具的骨架。有开凹槽弯曲法、火烤弯曲法和锯三角槽口弯曲法等。

（1）开凹槽弯曲法

取待弯曲的竹段，在待弯曲的部位锯出凹形槽口，然后把凹槽的两头修成半圆形弧。一般，凹槽的深度为竹段直径的 3/4，凹槽的长度为竹段或圆木芯直径的 1.5 倍。凹槽的内部要平整，并削去内部竹黄。将凹槽处加热弯曲，把预制好的竹段填入凹槽夹紧，冷却后即成 90° 的弯曲。

（2）火烤弯曲法

取一根待弯曲的竹段，左右手分别各握一端或把一端卡入调曲棒槽中，另一端用手握紧，把要弯曲的部位的节间放在火上烤。竹段弯曲的温度最好控制在 120℃上下。在火烤过程中，要不断地来回转动竹段，当秆皮上烤出发亮的水珠竹油时，材质开始变软，这时两手再缓缓向内用力将竹材弯成所需要的曲度，然后冷却定型。

（3）锯三角槽口弯曲法

在竹段待弯曲部位的内方均匀地锯上三角形的槽口，再在需要弯曲的部位火烤，两手把竹段向内方弯曲，冷却后即可定型。锯得缺口愈大，竹段弯曲弧度愈大。反之。开凹槽弯曲法、锯三角槽口弯曲法，适用于不易弯曲的大径竹材，制成的骨架虽有一定的特色，但是因锯伤了竹材所以强度有所损失，如图 11-18 所示。

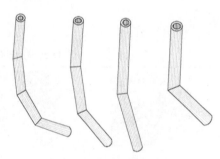

图 11-18 锯口弯

2. 骨架的接合

竹段经上述方法弯曲后，再和其他圆竹或竹片接合才能组成真正的竹制家具骨架。竹制家具骨架的接合方法有很多，一般常用的有拱接、并接、棒接、缠接、嵌接、L 字接、十字接以及丁字接等。对于骨架的接合需要使用竹钉、铁钉、胶合剂等才能取得良好的效果。

- 拱接：拱接是将一根竹段弯呈 90° 或大于 90° 的形式。
- 并接：并接是把两根或两根以上的竹段平行连接起来。
- 棒接：棒接是把预制好的圆木芯串在两根等粗的竹段空腔中，使这两根竹段相接合。
- 缠接：缠接是在竹家具骨架相连接的部位，用藤皮和塑料带等缠绕接合处使之加固。
- 嵌接：嵌接是将一根竹段弯曲环绕一圈之后，两个端头相嵌接。

- L 字接：L 字接是把两同径竹段的端头呈 90° 角相接。
- 十字接：十字接是将两根竹段呈十字形相接。
- 丁字接：丁字接是一竹段和另一竹段呈直角相接或呈某一角度相接。

11.1.8　竹集成材家具结构与工艺

竹集成材家具的结构类型包括板式家具和框式家具两类。近年来，竹材的加工技术得到了一定的发展，在传统的竹材加工方式和现代化技术的结合下，竹集成材家具逐步发展起来。基于地板材的生产技术，借鉴木材集成材的层积和拼宽胶合工艺，竹集成材最终形成其独特的家具生产工艺。具体来说，是用竹子经截断、开片、粗刨、水煮、干燥、粗刨、选片、涂胶、组坯、双向加压胶合、锯边、砂光等工艺制成的板方材家具制品。

其工艺流程如下。

原材→截断→开片→粗刨→精加工→炭化 / 脱脂处理→竹条干燥→精刨→分选→涂胶→组坯→热压成型→锯边→砂光→板方材加工→零部件加工（接长、拼宽、锯裁、刨削）→零部件加工（开槽、钻孔、砂光、铣型）→表面涂饰→零部件装配→产品包装。

11.2　图解竹制家具生产工艺流程

下面介绍竹家具的生产工艺流程。

1. 桌面板数控 CNC 铣外形操作（见图 11-19）

输入数据：将桌面板整块板件外形按图纸要求输入电脑	校对刀头：电脑控制刀头，校对刀头路径是否符合操作要求	固定：用枪钉将要切割的板材固定在机床上合适的位置	切割：操作电脑开始切割，密切观察操作是否有误

图 11-19　桌面板数控 CNC 铣外形操作

2. 桌面板（长边倒斜角边）立铣机操作（见图 11-20）

		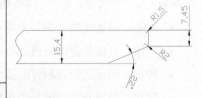
长边倒边：将桌面板整块板件长边按照要求倒边	检验：检查倒边是否符合要求（按样品及图纸标准检验）	立铣机斜角加工剖面尺寸图

图 11-20　桌面板立铣机操作

3. 桌面板推台锯（一裁三）机操作（见图 11-21）

		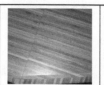	
两端段裁切：将桌面板两端短板按标准尺寸裁切下来，公差±0.5mm（用游标卡尺检测）	中间段裁：将桌面板中间板按标准尺寸精裁，公差±0.5mm（用游标卡尺检测）	编号：精裁后用铅笔在三片板的反面写上相应的序号 必须按整套顺序堆叠，依次类推	

图 11-21　桌面板推台锯（一裁三）机操作

4. 桌面板立铣机、吊镂机（短板倒边角）操作（见图 11-22）

短边倒边：将桌面板两端板件短边按照要求倒边（按样品及图纸标准检验）	斜边倒边：将桌面板两端板件斜边按照要求倒边（按样品及图纸标准检验）	倒角：将桌面板两端板件按照要求用吊锣机倒角（按样品及图纸标准检	短板倒边成型后，按样品及图纸标准检验

图 11-22　桌面板立铣机、吊镂机（短板倒边角）操作

5. 桌面板数控机床钻孔工序操作（见图 11-23）

输入数据：将桌面板整块板件外形按图纸要求输入电脑	校对刀头：电脑控制刀头，校对刀头路径是否符合操作要求	固定模具：将桌面板三块板一起用枪钉和模具固定在机床上，务必固定牢固	钻孔：启动电脑软件开始钻孔，孔径公差0.2mm，孔距公差0.2mm（按图纸要求检验和标准桌脚比对进行检验）

图 11-23　桌面板数控机床钻孔工序操作

6. 桌面板手工打磨工序操作（见图 11-24）

图 11-24　桌面板手工打磨工序操作

底漆喷边：将专用油漆用喷枪45°、距离50～70cm，对准板件的边均匀喷涂，室温20℃以上时自然凉干1h以上方可砂光	底漆打磨：用320#砂纸对喷好的底漆打磨，出现砂眼和针孔现象用腻子修补后打磨光滑，打磨好后边角光滑圆润，无针孔、砂眼现象，厚度亮度均匀	面漆喷边：将专用油漆用喷枪45°、距离50～70cm，对准板件的边均匀喷涂，喷好后光滑圆润，无针孔、砂眼现象，光泽度均匀8°～15°	顺序堆放：油漆做好后，每套三张板务必按照成套的编号顺序整齐堆放，每托板用缠绕膜包好然后办理交接手续

图 11-24　桌面板手工打磨工序操作（续）

7. 抽拉横档推台锯精裁工序操作（见图 11-25）

1）精裁：按图纸尺寸要求将横档如图示精裁（用游标卡尺，卷尺检测） 2）注意事项：每次生产前对所加工的产品进行检验，合格后方可量产 3）按规范要求进行检验及记录	4）精裁后外观：边角无毛刺、刮手现象；手感平整光滑。

图 11-25　抽拉横档推台锯精裁工序操作

8. 抽拉横档吊镂机铣斜口工序操作（见图 11-26）

铣斜口：按图纸尺寸要求将横档如图示进行铣斜口（用游标卡尺检测）	注意事项：在每次生产前对所加工的产品进行检验，合格后方可量产	按规范要求进行检验及记录	铣斜口后外观：边角无毛刺、刮手现象；手感平整光滑

图 11-26　抽拉横档吊镂机铣斜口工序操作

9. 抽拉横档钻眼机铣圆底孔工序操作（见图 11-27）

 铣圆底孔：按图纸尺寸要求将横档如图示进行铣圆底孔（用游标卡尺检测）	 铣好后外观：无毛刺、刮手现象；手感平整光滑，圆状规整

图 11-27　抽拉横档钻眼机铣圆底孔工序操作

10. 抽拉横档钻眼机钻孔工序操作（见图 11-28）

 钻孔：按图纸尺寸要求将横档如图示进行钻孔，公差± 0.2mm（用游标卡尺检测）	钻好后外观：无毛刺、刮手现象；圆状规整

图 11-28　抽拉横档钻眼机钻孔工序操作

11. 抽拉横档打竹梢工序操作（见图 11-29）

涂胶：将竹梢和孔内均匀涂上胶水	 打竹梢：按图纸尺寸要求将竹梢如图示用胶锤打入孔内，必须和横档垂直（用游标卡尺和直角尺检测）	打好竹梢后外观：无毛刺、刮手现象

图 11-29　抽拉横档打竹梢工序操作

12. 抽拉横档手工打磨工序操作标准（见图 11-30）

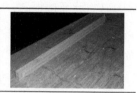

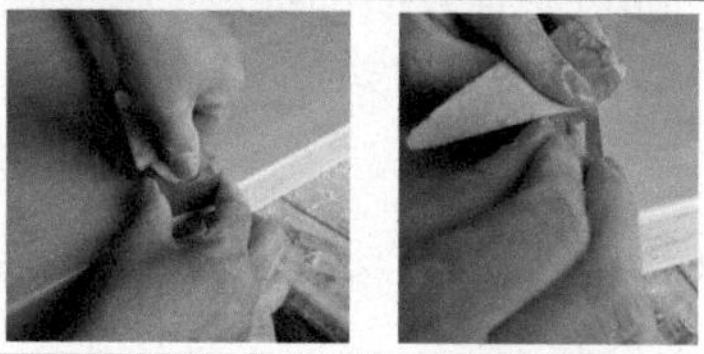 打磨：将圆底孔、斜口、竹梢按上图打磨，用120# 或180#砂纸（用游标卡尺检测并利用目测和手感）	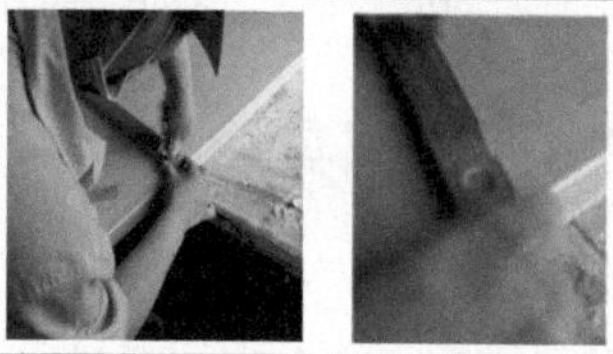 打磨好后外观：光滑无毛刺，无刮手现象

图 11-30　抽拉横档手工打磨工序操作标准

13. 抽拉横手工喷漆工序操作（见图 11-31）

在喷漆前检查档料表面是否的污染，保持表面干净后方可开始生产	底漆喷涂、底漆喷边：将专用油漆用喷枪45°角、距离50～70cm，对准板件的边均匀喷涂，室温20℃以上时自然凉干1h以上方可砂光	底漆打磨：用240～320#砂纸对喷好的底漆打磨，出现砂眼和针孔现象用腻子修补后打磨光滑，打磨好后边角光滑圆润，无针孔、砂眼现象，光泽度均匀8°～15°	注意事项：每次生产前对所加工的产品进行检验，合格后方可量产，按规范要求进行检验及记录

图 11-31　抽拉横手工喷漆工序操作

11.3 藤制家具结构

11.3.1 藤制家具概述

据了解，早在中国汉朝就有藤编成的席，是当时一种比较简单的藤制家具。我国对藤的开发与利用有着悠久的历史，在古籍中多有记载。历经时代变迁，随着生产力的发展，制藤工艺水平的提高，我国的藤家具品种日渐丰富，藤椅、藤床、藤屏风、藤工艺品等相继出现，如图 11-32 所示。

图 11-32 藤制家具

如今，藤制家具行业的发展迅猛，一大批优秀藤制家具企业引导着这个行业走向欣欣向荣，像广东东莞的建益实业有限公司就有 30 年历史。由于原料来源及工艺技术等进步，藤制家具业的发展速度很快，不论是在企业的规模、数量、产值上还是在产品的类型、结构、造型、工艺技术、产品贸易等方面都得到了极大的发展。

11.3.2 藤制家具结构

在藤制品行业，把藤茎叫作藤条，如图 11-33 所示。有把藤条经过磨去表层的蜡质层后做家具骨架的，也有直接用藤条来做家具骨架或者用较小藤条编织家具构件的。大部分藤制家具都是通过藤条分剖的材料做成的。把藤制条从横断面锯断后，从外向内有藤皮、藤芯。同时，又可把藤芯分剖出细小的藤篾。这样，藤制家具的材料结构就主要有藤条、磨皮藤条、藤皮和藤芯（藤篾）。

图 11-33 藤条

藤材柔韧性很强，易于弯曲。藤材可弯可扭，可劈可编，造型多变。正因为如此，人们赋予了藤家具造型上独特的韵味和特有的造型形象。藤材的色泽、质感与木材有相似之处，但两者的力学性能差异显著，如果将它们进行结合，可以说是相得益彰。藤材绿色环保，迎合了现代人返璞归真的生活情趣。

家具结构设计是家具生产的基础，因此，在进行藤制家具的设计时，必须要对藤家具的结构有深入了解，藤制家具才能达到造型美观、结构稳定、使用寿命长的效果。

11.3.3　藤制家具框架结构设计

藤制家具的框架结构形式和结合结构的合理与否，直接影响到家具的强度、稳固性及外观造型，对它们进行系统设计是藤制家具结构设计的主要内容，如图 11-34 所示。

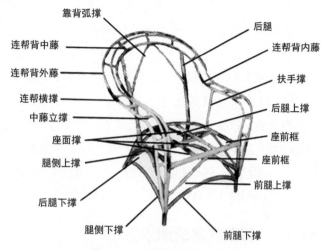

图中标注：靠背弧撑　后腿　连帮背中藤　连帮背内藤　连帮背外藤　扶手撑　连帮横撑　后腿上撑　中藤立撑　座面撑　腿侧上撑　座前框　后腿下撑　座前框　腿侧下撑　前腿上撑　前腿下撑

图 11-34　藤制家具框架结构

1. 框架结构形式设计

藤制家具的类型、造型与藤框架的形式一样，多种多样，在主体框架上还有许多结构装饰性的扶手支架及框体支架。藤材的直径一般较小，因此，在将直径较小的藤材作为主体框架材料利用时，必须进行并料，这样才能满足强度的要求。同时由于藤材优良的弯曲性能，在并料时还可进行一定的弯曲和扭曲，以便从主体框架线状零部件的材料结构组成上进行设计。

设计时常用有以下几种材料组成的结构形式：单根材料结构；双根材料结构；三根材料结构；三轴材料结构；簇卷材料结构；扭曲材料结构；扭卷材料结构。

在上述 7 种结构形式中，每一种的形式造型效果均不同，可以根据需要进行选择。不论是什么形式的框架，基本上都是由线状零部件组成，零部件如何搭配组合才能达到要求的框架形式并满足强度需要，这是藤制家具框架结构的重要要求，也是框架结构形式的体现，是藤制家具结构设计的重点。

2. 框架连接结构设计

用于制作框架的藤条一般需要弯曲、扭曲，甚至拼宽、接长，如图 11-35 所示。框架结构连接方法包括钉接合、榫接合、胶接合连接件接合等。一件家具往往要把几种综合起来应用，根据家具的不同部位，采用合适的结构连接方法。目前钉接合、木螺钉接合和缠接是应用最广泛的结构连接方法。

图 11-35　藤条弯曲

图 11-36　骨架丁字与十字连接

藤条的拼宽、接长，横材与竖材的角部结合（T 字接、L 接）、十字接、斜撑接、U 字接、V 字接等均可用钉接法，主要是金属钉，如图 11-36 所示。常用的金属钉包括圆钉、射钉、U 形钉等。一般来说，作为主体框架的部分可用圆钉结合；藤皮的缠接、缠扎、藤编面可用 U 形钉起首固定和收口固定的作用；小型构件如框体材料的并料、结构装饰构件、压条的固定可用射钉。榫接合的接合方式主要有圆棒榫和指接榫，并需要用胶接合配合使用，方能达到效果，有时也用钉强固。榫接合的强度较高，外观效果好。胶结合一般是与其他方法配合使用，是一种辅助连接方法，单一的胶接合应用很少。

以上为藤制家具框架结构的常用连接方法。在进行藤制家具的结构设计时，应根据家具的品质要求和不同部位的强度要求，选择合适的结构连接方法。

3. 框架装饰结构设计

框架除了连接外还可进行适当装饰，其主要的装饰方法就是缠扎。缠扎方法多种多样，常用的缠扎纹样有素缠、单筋缠、双筋缠、花菱缠、飞鸟缠、雷文缠、交错缠、箭矢缠、结花缠、编结缠、侧结缠、留筋缠、棱形缠等。在设计时，对于家具的框体是否需要缠扎及缠扎纹样的样式，这些是在设计时需要考虑的。

11.3.4 藤制家具的编织方法

藤制家具的编织方法可谓是无穷的，这是它与其他家具的主要区别之一。藤制家具常用的编织方法有挑盖法和缠盖法等，并有由其延伸出来的无数种编织方法。比如由挑盖法发展出来的挑一盖一法、文字编组法和人字形对称连续编组法等；由缠盖法发展出来的三一相间编法、方孔编插法和格形编法等。其中有的方法适合圆形材料，有的适合扁平材料。

1. 挑盖法

挑盖法是指一根藤皮在密排的藤皮下面穿过去，并与密排的藤皮在另一根藤皮上面呈90°角挑起来，如图11-37所示。

这里所谓的"盖"是指一根藤皮盖在下面。"挑"和"盖"是对已定位排列妥当的藤皮而言，而且使用这种做法常为先按位密排，然后用挑刀或带针以挑盖的方式进行编织，由此可发展出好几个不同图案或形式。

（1）挑一盖一法

挑一盖一法指的是挑起一根藤皮，接着又盖压另一根藤皮。使用这种方法要注意第一次被挑起的藤皮，第二次

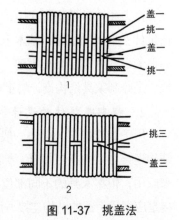

图 11-37 挑盖法

则被盖，挑和盖相互循环转换，如此下去便是挑一盖一法。这种方法以此类推，可发展出挑一盖二、盖三、盖四或挑二盖二、盖三、盖四等，这些都属于挑盖法。

（2）文字编组法

文字编组法是以盖三挑三的编法来处理各种文字，因为是经纬线交织构成笔画，所以用倾斜编织法较为妥当，从一角落开始到另一角落完成。

（3）人字形对称连续编组法

人字形对称连续编组法有多个方形连续状，每一排方形连续的方位各有一条中间经纬

线为准。在编组时，纬线不能发生一条错误，否则会破坏有规则的图案。

（4）图案花纹编组法

图案花纹编组法是以人字形对称的法则制成，选定一条经线为该图的中心，其他纬线均应配合图案中编织。

2. 缠盖法

缠盖法适合于扁平材料，如扁篾与藤皮编织的器物，如图 11-38 所示。缠盖法是在架子上根据

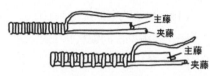

图 11-38　缠盖法

固定所需，进行有间隔的做法的一种编织，其编织面层是针对面层的边缘连接而言的。

这里所指的"缠"，是藤皮缠绕夹藤。所谓"盖"，是指夹藤盖压于露出的缠绕藤皮的做法。缠盖法多种多样，要按花样层次而定。如缠一盖一法指的是藤皮在缠压夹藤一圈之后，又被夹藤压露出一圈，如此循环，使之所属部分全部形成规律性的夹藤孔。然后进行经纬两皮垂直的穿孔牵引相连，使之在东西南北两夹藤的孔之间经藤皮的穿引相连，形成均匀顺直的方格，并以一条在上，一条在下的挑盖，依次循环成皮类编织的通透方格形。这样的缠盖法可发展为缠二盖二、缠二盖三等做法。

这种缠盖法引发了多种花样图案，包括诸种方格形编插类图案，常用的一些纹样的编织法如下。

（1）两一相间编法

两一相间编法是以双股和单股的经纬线正交压一编，在编制时先将经线的单股与双股排列好，然后取纬线顺序编上。

（2）三一相间编法

三一相间编法与两一相间编法相同，编好后要剪去剩余部分。

（3）方孔编插法

方孔编插法是用双股经纬线与适当间隔分两层正交相叠，再用单股编材通过双股经纬线构成方孔，作对角线式上下交叉编插。

（4）格形编法

格形编法经线与纬线挑一压一而形成。

（5）方孔穿插法

方孔穿插法有单股与双股两种，于经纬线交叉处以压一插编，做对角线式编插。

（6）胡椒孔单条穿插法

胡椒孔单条穿插法是在胡椒孔每一间隔处横穿一编材，以六角形分割成两个五角形。

（7）菱形编法

菱形编法是以经纬线交错成一个菱形。

（8）浮菊式编插法

浮菊式编插法是在胡椒空内每一间隔处用 6 条编材重叠穿过，另一胡椒孔仅两条编材

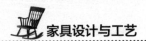

穿插，所显示出的图案一疏一密。

（9）胡椒形编插法

胡椒形编插法是以宽藤编成胡椒形后，中间以狭藤或篾丝方格交错编插。

（10）车花式编插法

车花式编插法的编材从三角孔穿过，编材应该较薄较小。

（11）龟甲形编插法

两个胡椒形相重叠编，中间以三条编材为联系，不必穿插三角孔。

（12）桔梗花式编插法

桔梗花式编插法是以大小藤皮编成两个胡椒形重叠在六角孔中，以三条编材经过三角孔编插。

11.3.5　藤芯编织法

通常，藤芯的编织都是以挑一盖一的编法为主，在某些范围内也有花样编织。比如对于圆形台应选择圆形为起点，方形台应选择方形为宜，且要保持经纬之间的距离。

藤芯编织通常按以下方式分类。

1. 箩筐式编组类

箩筐式编组是各类编组法的基础，其他各式均由此法演变而来。该类编组一般以圆形材料为经，扁平材料为纬。它的编法多种多样，大体如下。

（1）箩筐式编组

箩筐式编组法是应用最广也是最为简便的一种方法。箩筐式编组法有单经单纬、单经双纬以及双经双纬等多种方式。其编法以压一编组，经纬用奇数比较简单，经线以双股或单股经线，纬线以细小柔韧者为宜。

（2）穿插式编组

穿插式编组是按箩筐式压一编法，另用两条细薄编材随纬线交错绕住，当纬线编上一节则交错一次。

（3）栏栅式编组

栏栅式编组主要用圆形编材，双纬绞丝一正一反，压一或压二编，经线为双股。

（4）中国式编组

中国式编组是以双经单纬压一编，经材以圆形为佳，纬线一条宜紧硬通过经线，编成一平一凸的开关。

（5）盔甲式编组

盔甲式编组以三股绞丝合成一组为纬线，互相交错绕住经线，纬线数目为偶数，以扁平材料为佳。

（6）绞丝式编组

绞丝式编组以二条纬线交错在经线上编织，经线为双股，有压一或压二挑一及挑二压一编法等。

（7）箭羽式编组

箭羽式编组以两根纬线为一组，纬线每编一列后更换一个方向，如果第一根纬线第一列从里向外编，第二列则应从外向里编，如此反复。

（8）双经错一编组

双经错一编组有双经双纬错一编和单纬双经错一编两种，经纬数量视编材粗细而决定。

2. **编结组成类**

（1）鱼鳞式编结

鱼鳞式编结以圆形编材及细藤为主。以"米"字形起编，编织物的高度用闭缘收口法，压一或压二均可，收口时将经材用三股绞丝编嵌紧，然后再用闭缘收口法结束。

（2）涡卷式编结

涡卷式编结以圆形编材涡卷为经，扁平穿结为纬，编制时将经材置于有柄的型模上涡卷，涡卷两圈即用藤皮包扎，卷第三圈再与第二圈以藤皮包扎，以同法卷扎直至完成。

（3）蛛网式编结

蛛网式编结的样式多种多样，圆形编材用圈式花结编一单花为中心开始，周围制成一圆环，以小号藤皮依次扎成花结与圆环联系，然后以栏栅式调换经材编织，再用两股绞丝编紧，最后将所有经线分别包扎在外环上。

（4）横栅式编结

横栅式编结的经材以粗硬材料为支架，纬线以藤皮编结式包扎，经材距离必须整齐划一。

（5）联花式编结

联花式编结从顶部开始，先编结第一朵花，在编结第二朵时要绕过第一朵花，如此连续编结五朵为第一层。对于第二层、第三层也按这种方法编结五朵，最后将首尾线扎在圆环上。

（6）衬托式编结

衬托式编结在藤器的编结过程中，要留出一部分经材作衬托之用。该编法适用于篮筐的中间凸出部分。

（7）四孔相错编结

四孔相错编结以双经双纬压一编法起首，逐次往外面续编，在第二次编结时需要将两股线各自倒转换位编织。此法以采用圆形柔韧的编材为宜。

（8）正反不分编结

正反不分编结是用单股藤皮回绕两经材为起首，在两经材间取适当距离为孔眼，在第二次编结时以纬材两端回绕第二条经材，后再回绕第一条经材，造成两经材间六角孔眼形式。上第三条经材时，以第二条上的纬材再回绕之，如此连续即可编织成正反不分的器物。

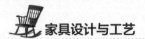
11.3.6　藤制家具编织图案

在藤制家具行业，图案一般按编织方法附带材质命名，如图 11-39 所示。

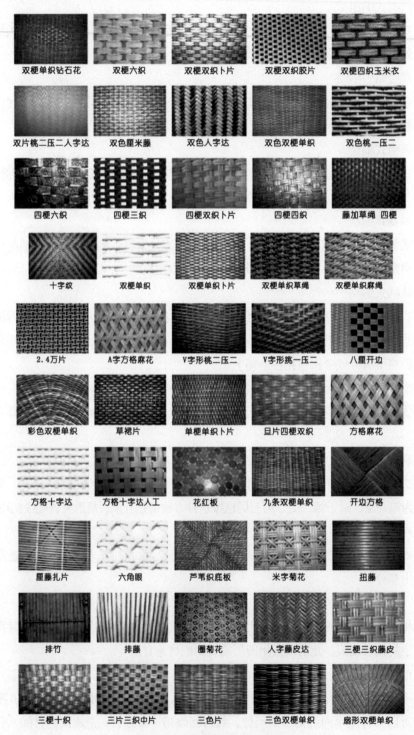

图 11-39　藤制家具编织图案

11.3.7　藤制家具的表面涂饰处理

藤制家具的表面涂饰处理，就是家具的表面修整、涂饰涂料及漆膜修整等一系列工序的总和，如图 11-40 所示。

涂饰有藤制家具整体涂饰和零部件涂饰。在藤制家具的生产中大部分为整体涂饰，只有个别情况需要零部件涂饰。藤制家具的涂饰，按漆膜表面光泽分为亮光涂饰和亚光涂饰；按是否显现表面纹理分为透明涂饰和不透明涂饰。

目前，藤制家具在生产过程中多采用聚氨酯漆进行透明涂饰，少见色漆涂饰。有些带颜色的藤制家具是通过着色与染色再进行透明涂饰来实现的，这样藤制家具既可以保持藤材的天然纹理，又兼具染色后的优美色泽。

图 11-40　藤制家具表面涂饰

11.4　图解藤家具生产工艺流程

藤家具的制作工艺主要可以分为 7 个环节，依次是原料选择、原料打磨、原料加工、抛光、组装、编织和喷油。

1．原料选择

藤的种类很多，目前已知的藤种类有 600 多种。在实际生产中，以巴丹藤、沙藤、厘藤和红藤最为常用。巴丹藤和沙藤粗细均匀，多用于制作藤椅骨架；厘藤柔韧性好，多用于制作盘花。

2．原料打磨

藤是一种多刺植物，表面较粗糙，因此在进行制作时要对原料进行"打磨"处理。在实际生产中，有专门的打磨机对藤的原料表面进行处理。主要利用砂带和砂轮进行打磨。

3．原料加工

藤的原料加工主要是指藤材的弯曲，弯曲藤材的过程都是在操作台上来完成的。此外还要经常用到火枪和高压空气冷却枪。

4．抛光

在抛光藤材时所使用的主要工具是抛光机，抛光和打磨略有不同，抛光主要是通过砂轮对加工好的部件进行局部处理。抛光的重点是结疤，以及经过高温加热后碳化的表面。

5．组装

在组装之前，要先对组装部件进行抛光处理，抛光的方法和前面所讲解的一样。

6．编织

不同类型的藤条其粗细软硬都会有所不同，因此在制作时所用到的材料也会有所不同。

在实际生产中，要根据所在部位选择不同的藤材及藤部位。

7. 喷油

藤制家具在进行首轮面漆后，要放置 2h 才能进行再次喷漆，然后再放置 12h 以上等漆完全干透为止。

藤制家具的种类有很多，比如桌椅、沙发、茶几等。虽然藤制家具品种繁多，但是制作工艺大同小异。藤制家具的生产工艺流程如图 11-41 所示。

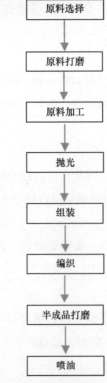

图 11-41　藤制家具生产工艺流程